戦略的感性商品開発の基礎

経験価値／デザイン／実現化手法／ブランド・経営

長沢 伸也 編

KAIBUNDO

まえがき

　本書は，日本感性工学会感性商品研究部会の成果物である。収録されている12編の解説論文は，すべて部会員が執筆している。

　書名の「戦略的感性商品開発」とは，「戦略的感性商品」と「戦略的商品開発」の両方の意味を込めている。戦略的感性商品とは，「ヒットしたのは商品が消費者の感性に合ったから」という後付けではなく，「消費者の感性に訴えるように商品を作り込む」ことを目指す。また戦略的商品開発とは，「思いがけずヒットした」というマグレ当たりではなく，「ヒットする要素を商品に作り込んで，ヒットするべくヒットさせる」ことを意図している。

　感性商品研究部会は，日本感性工学会設立とともに1999年4月に正式に発足した。部会長は，初代が長沢伸也（立命館大学。現，早稲田大学），二代目が神田太樹先生（西武文理大学。故人），三代目が亀井且有先生（立命館大学），四代目が再び長沢となっている。

　途中，神田先生が部会長在任中に病を得て急逝されるという不幸もあったが，亀井先生が立て直され，部会員は90名（2019年6月現在）である。これは，日本感性工学会を構成する部会で最大規模を誇る。また，大学関係者と実務家と半々で構成されている。

　部会活動は，秋に日本感性工学会大会における部会企画セッションと，研究会を年3回（春，夏，冬）開催している。春の研究会は京都で開催され，聞香体験や京町家体験，祇園一力での懇親会と趣向を凝らしている。夏と冬の研究会は東京開催が多いが，北海道や山梨県で開催した際は，秘湯やワイナリーを訪問したりして感性を磨いている。

　さて，本書第1部の3編は経験価値をテーマにしている。第1章では感性工学とその基幹技術である感性評価，および具体的な応用といえる感性品質や経験価値を中心とした感性商品研究の概要が紹介されている。その経験価値と感性やエモーショナルデザインとの対応関係について第2章で述べられている。さらに第3章ではスポーツ観戦で喚起される様々な感情や感動に着目した研究が紹介されている。2020年東京オリンピック・パラリンピックも控えて時宜

に適っている。

　第2部の2編はデザインに焦点を当てている。第4章では経産省「産業競争力とデザインを考える研究会」やその最終報告「デザイン経営宣言」について弁理士の立場から紹介されている。第5章では地域特産品開発に関する日本パッケージデザイン協会による調査結果についてデザイナーの立場から紹介されている。

　第3部の4編は実用化を意識した技法の提案である。感性評価の時間的変化に着目して提案した曲線描画法について，第6章では概要と可能性が，またドローン映像の感性評価に応用する試みが第7章で解説されている。第8章では旅行者の感じた街並みの雰囲気を可視化して街歩き旅行を支援するアプリが紹介されている。第9章では商品を触るイメージとエフェクタンス動機づけが所有感の生起に及ぼす影響が解説されている。

　第4部の3編は，ブランド戦略や経営戦略をテーマにしている。第10章では日本の老舗が何百年も続く戦略を体系化した老舗戦略を理論構築し，ルイ・ヴィトン等欧州の家族経営企業が40年でラグジュアリーブランドへと変貌したラグジュアリー戦略と比較して考察している。また，第11章ではラグジュアリー企業はもとより，他業界の企業がアイコンプロダクトを用いたブランド価値の長期的維持・発展方法を応用する際に有用な示唆を述べている。第12章では経営として感性をモデル化する戦略を提案している。

　日本感性工学会感性商品研究部会における最前線の研究の一端を紹介することにより，産学の幅広い読者の皆様にも大いに参考にしていただけるものと信じている。併せて当部会の存在と力量が知られることとなれば幸甚である。

　最後になったが，本書の核となった「感性工学」Vol.16 No.3（2018年）特集「感性商品研究の最前線」を企画していただいた日本感性工学会 庄司裕子会長（本書第12章執筆者）ならびに布川博士編集委員会委員長，出版・編集の労を取っていただいた海文堂出版 岩本登志雄編集部長に心より感謝を申し上げる。

日本感性工学会感性商品研究部会長 長沢伸也

目　次

第 1 部　経験価値

第 1 章　感性工学と感性評価と経験価値 ……………………………3
[1.1] はじめに *3* ／ [1.2] 感性に訴える商品とは *3*
[1.3] 「感性の時代」と感性マーケティング *4* ／ [1.4] 感性，感性工学，感性評価 *5*
[1.5] 経験価値と戦略的経験価値モジュール *9* ／ [1.6] 経験価値と感性品質 *11*
[1.7] 経験価値と機能的便益との関係 *13* ／ [1.8] おわりに *18*

第 2 章　感性商品開発における商品デザインと感性価値 ……………21
[2.1] はじめに *21* ／ [2.2] 顧客の経験・感性における先行研究 *21*
[2.3] 比較検討による理論的考察 *24* ／ [2.4] 事例分析 *28*
[2.5] 商品デザインにおけるデザインプロセスの考察 *34* ／ [2.6] おわりに *35*

第 3 章　スポーツ消費経験における感動の評価 ………………………37
[3.1] はじめに *37*
[3.2] スポーツ消費経験の感情評価と感動のメカニズム検証 *39* ／ [3.3] おわりに *48*

第 2 部　デザイン

第 4 章　商品開発におけるデザイン・デザイナーと知財 ……………53
[4.1] はじめに *53* ／ [4.2] 産業競争力とデザインを考える研究会 *53*
[4.3] デザイン経営宣言 *57* ／ [4.4] デザイン経営宣言と知財 *60*
[4.5] デザイン経営宣言の世界を実現するために *60* ／ [4.6] まとめ *63*

第 5 章　地域特産品開発におけるパッケージデザイナーへの期待 ……65
[5.1] はじめに *65* ／ [5.2] 2013 年度事業者調査 *65*
[5.3] 特産品開発をとりまく環境 *68* ／ [5.4] 事業者開発事例から *69*
[5.5] 2015 年度デザイナー調査 *70* ／ [5.6] デザイン開発事例から *72*
[5.7] 特産品のパッケージデザイン *74* ／ [5.8] おわりに *77*

第 3 部　実現化手法

第 6 章　時系列感性評価手法としての曲線描画法 81
［6.1］曲線描画法の有用性 81
［6.2］曲線描画法の実際 —測定評価の方法と手法の有用性 84 ／ ［6.3］おわりに 93

第 7 章　曲線描画法によるドローン映像の感性評価 95
［7.1］はじめに 95 ／ ［7.2］感性評価による映像表現 97
［7.3］複雑なカメラワークによる感動の違い 102 ／ ［7.4］おわりに 106

第 8 章　街歩き旅行支援アプリケーション 109
［8.1］はじめに 109 ／ ［8.2］関連研究 110 ／ ［8.3］感性街歩きマップ 111
［8.4］雰囲気コンパス 115 ／ ［8.5］適切な情報提示量に関する検討 119
［8.6］おわりに 120

第 9 章　商品に対する所有感の生起 123
［9.1］はじめに 123 ／ ［9.2］方法 127 ／ ［9.3］結果 129
［9.4］考察と今後の課題 132 ／ ［9.5］おわりに 134

第 4 部　ブランド戦略・経営戦略

第 10 章　老舗戦略の理論的枠組みに向けた考察と事例 139
［10.1］はじめに 139 ／ ［10.2］先行研究と本研究の位置付け 139
［10.3］老舗の本質 142 ／ ［10.4］老舗戦略 144
［10.5］ラグジュアリー戦略との比較考察 148 ／ ［10.6］まとめ 153

第 11 章　持続的なブランド価値のマネジメント 155
［11.1］はじめに 155 ／ ［11.2］考察方法 156 ／ ［11.3］先行研究 159
［11.4］考察結果 160 ／ ［11.5］おわりに 169

第 12 章　感性価値創造を促すプロセスとは 173
［12.1］はじめに 173 ／ ［12.2］感性価値創造を促すには 174
［12.3］プロセスモデルに従った研究の推進 178
［12.4］プロセスモデルの観点から見た感性商品開発 181 ／ ［12.5］まとめ 184

第1部

経験価値

第1章 感性工学と感性評価と経験価値
　　　長沢伸也（早稲田大学大学院）
　　　日本感性工学会誌第16巻第3号部会特集号「感性商品研究の最前線」所収
　　　第8回日本感性工学会大会感性商品研究部会企画セッションなどで発表

第2章 感性商品開発における商品デザインと感性価値
　　　入澤裕介（日立システムズパワーサービス）
　　　山本典弘（鈴木正次特許事務所）
　　　長沢伸也（早稲田大学大学院）
　　　日本感性工学会誌第16巻第3号部会特集号「感性商品研究の最前線」所収
　　　第12回日本感性工学会大会感性商品研究部会企画セッションなどで発表

第3章 スポーツ消費経験における感動の評価
　　　押見大地（東海大学）
　　　日本感性工学会誌第16巻第3号部会特集号「感性商品研究の最前線」所収
　　　感性商品研究部会第60回研究会などで発表

第1章 感性工学と感性評価と経験価値

1.1 はじめに

　筆者は，30年以上にわたって，感性工学，感性評価，感性品質，感性マーケティング，感性価値・経験価値，ラグジュアリーブランディングの研究を行ってきた。本稿では，感性工学とその基幹技術である感性評価，および具体的な応用といえる感性品質や経験価値を中心とした感性商品研究の概要を紹介する[1][2]。最後に経済学との関係にも触れる。

1.2 感性に訴える商品とは

　世の中には多くの商品（製品やサービス）が溢れている。そして消費者は，自身の自由意思で選択・購入した商品を使用・利用することで豊かで快適な生活を営む。したがって，市場で成功する商品を生み出すために，使用する人間の感覚に照らしての受け容れられ方や，使い心地，感じ方を捉えることは，マーケティング活動の一環として重要である。

　とくに，最近では社会全体が「人間重視・生活重視」の動きにあり，「感性価値」とか，「感性の時代」や「感性社会」，「感性産業」という言葉が一つのキーワードとして多用されるようになってきている。つまり，商品に対して消費者が感じるであろう，人間の五官（五感）などの「感覚」や，人間の情緒や感情，気持ちや気分，好感度，選好，快適性，使いやすさ，生活の豊かさなどの「感じ方」を問題にすることが多くなっている[3]。

　「感性」とは何か，は哲学的で難しいが，これらの人間の「感覚」と「感じ方」をあわせて「感性」とすると，企業は商品開発において「感性」を重視し，「感性に訴える商品」を提供する必要が生じている。「感性」を重視するというと，何か浮ついたニュアンスに受け止める人もいるようである。しかし，上記のように考えると，「感性に訴える商品」とは「魅力ある商品」，「価値ある商

品」のことであり,「売れる商品」と同義である。したがって,これは商品開発上,またマーケティング上,本質的かつ根本的な課題であることがわかる[4]。

また,「感性品質」は感性により評価される品質,「感性商品」は感性品質が重要なウエイトを占める商品あるいは感性により評価され消費される商品になる。総合的な商品品質（市場品質）の良さや好ましさは人間の感性により評価されるという意味では,すべての商品は「感性商品」ということもできる[5]。

1.3 「感性の時代」と感性マーケティング

実は「感性の時代」といわれて久しい。その出発点は,小川による『感性革命』[6]や「ハイテク＝ハイタッチ」を説いたネイスビッツ（John Naisbitt）『メガトレンド』の翻訳[7]が出版された1983年あたりであろう。これらに続いて,藤岡による「小衆論」[8]や博報堂生活総合研究所による「分衆論」[9]が登場した。大ヒットが生まれず消費者が見えにくくなってきているのは,人々が自分の感性を大事にして,他人と同じでは気が済まなくなったからである。もはや「大衆」は消失し,感性が通じ合う仲間レベルの「小衆・分衆」に分解・分化してしまったという主張は1980年代中頃の話題となった。

また,これらをきっかけとして,「感性マーケティング」という言葉は,マーケティング業界でも広く通用した[10][11]。さらに,「良い－悪い」という社会的規範や価値観によった理性的な判断に基づくのではなく,「好き－嫌い」という感覚や気分に基準を置いて商品やサービスを消費することを指す「感性消費」という言葉も生まれた[12]。

1980年代は「記号」や「感性」などを錦の御旗にしてクリエーターが号令をかけて流行を創ったし,バブル期ということもあってそうした商品が売れた。また,そのヒットの理由として,「消費者の感性に合ったから」というお決まりの説明がなされたが,1990年代以降ではその手法が通用しなくなった。しかし,クリエーターやトレンドリーダーの感性ではなく,あくまでも移り気で変化の速い生活者の視点,生活者の感性に根ざした「感性マーケティング」はますます重要となってきている。その意味では,「新・感性の時代」と考えたほうがよいのであろう[3][13]。

1.4 感性，感性工学，感性評価

1.4.1 感性

　感性という言葉は，哲学的な定義，認識論的な定義，心理学的な定義と，さまざまな捉え方がなされている。とくに，感性は理性や知性と対立した感覚的で非合理的なものと考えることができる。感性に関する研究は，感性マーケティング，感性科学や感性工学，感性デザインなど幅広く行われているが，人間の心理に働き掛け，心のなかで起こる出来事の処理と対応させた情報処理論的研究として認知心理学の分野で実施されていた[14][15]。

　このような情報処理論心理学的な視点から感性を見ると，図 1.1 に示すように，商品・サービスなどの外部の刺激によって，人間の感覚受容器に伝えられた後に発生する一連の情報の流れ「感覚→知覚→認知→感情→表現」として感性を捉えることができる。

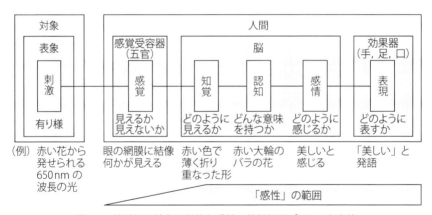

図 1.1 情報処理論心理学的な感性の情報処理プロセスと定義
出所：長沢伸也（編著）：感性をめぐる商品開発 —その方法と実際—，日本出版サービス，6，2002，図 1-1 に加筆

　図 1.1 では，たとえば，赤い花を見た場合を考えると，以下のようになる。

① 赤い花から発せられる 650 nm 前後の波長を持つ光が，感覚受容器の一つである眼に入る。
② 網膜に像が結ばれ，視細胞（光センサ）が刺激されることにより，「何か

が見える」という感覚が生じる。
③ その生理情報が脳に伝えられ，「赤い色で薄く折り重なった形」という知覚が生じる。
④ 知覚情報が過去の経験や学習によって蓄積された知識データと対照され，「赤い大輪のバラの花」と認識・認知される。
⑤ 同時に，バラの花あるいはそれに付随するイメージから，美しい，綺麗，情熱的といった感情や感動，感動などが引き起こされる。
⑥ 心のなかに発生した感情を，言語，パターン，表情，行動などの方法で効果器（手，足，口）により表現する。たとえば，「美しい」と発語したり，乱舞したり，絵や詩を創作したりする。

これらのうち，外界の刺激が感覚受容器に伝えられたあと発生する②〜⑥までの一連の情報の流れを，広義の感性と定義している。②や③の感覚，知覚レベルの反応が感性を引き出す力，とくに感覚は感性の入力情報として位置づけることができる。

このように感性を捉え，活かした商品・サービスの開発に向けた方法論の研究なども行われている[4][16]。

1.4.2 感性工学

後ほど改めて述べるが，「感性品質」は感性により評価される品質，「感性商品」は感性品質が重要なウエイトを占める商品あるいは感性により評価され消費される商品になる。総合的な商品品質（市場品質）の良さや好ましさは人間の感性により評価されるという意味では，すべての商品は「感性商品」ということもできる。

このような「感性商品」を開発する方法論としての「感性工学」が「感性を活かしたものづくり」あるいは「感性に訴えるものづくり」として最近注目されている。

「感性工学」は日本発のテクノロジーである。「感性」を的確な英語1語で表す単語はないので，感性工学も"Kansei Engineering"と英語表記している。英語では理解しづらい"Kansei"に代えて"affective（感情の）"が用いられることも多く，"Kansei/Affective Engineering"と併記したり，情報処理分野では

"Affective Computing" と表記している。

長町は，物質文明の次に必ず心の満足を求める情緒時代が到来する予測を立て，1970 年に「情緒工学」の名称で研究を始めたが，マツダの山本社長（1987 年当時）が "Kansei Engineering" を使用したのを受け，1988 年に改称した [17]。以後，研究がしだいに盛んになって，1998 年には日本感性工学会が設立された。

「感性工学」を，工学の立場で感性を利用することと解すると，その実践のためには，まず感性の測定と定量化が必要である。

心理計測は人間の心理量 K を測定し，生理計測は人間の生理量 P を測定する。また，理化学的計測は対象物の物理量 S を測定する。これらの関係を考えると図 1.2 のように，心理量 K と物理量 S の対応関係 $K = f(S)$，心理量 K と生理量 P の対応関係 $K = g(P)$，生理量 P と物理量 S の対応関係 $P = h(S)$ が考えられる。感性を計測する場合はこれら 3 者の対応関係が問題になる。

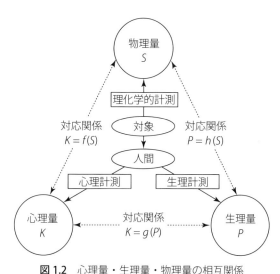

図 1.2　心理量・生理量・物理量の相互関係
出所：長沢伸也（編著）：感性をめぐる商品開発 ―その方法と実際―，日本出版サービス，20，2002，図 1-2

これらの相互関係を応用し，「美しい」「価値がある」「心地よい」などの心理量 K や生理量 P を得られるような物理量 S を製品につくり込むためのマーケティング情報として，感性情報を体系的に収集し，処理・分析して商品企画・設計を支援する感性商品開発システムを構築し，「感性を活かしたものづくり」「感性に訴えるものづくり」のための強力な方法論として感性工学を確立することが課題である [4]。

1.4.3 感性評価

　感性の測定と定量化のための心理計測法である「感性評価」は，感性工学の要素技術ないしは基幹技術として定着し，感性に訴える商品を開発・提供するためのビジネスツールとして開発・生産・販売に至る全部門のビジネスプロセスに組み込まれ，総合評価手法として重要な位置を占めるようになってきた。すなわち，サイエンスないしはエンジニアリングを志向した新商品の開発・マネジメントのために，「感性評価」は計量心理学ないしは人間行動科学の見地で適用される科学的ないしは工学的な商品開発のメソドロジーとして位置づけられている。

　「感性評価」の意味は，利き酒などで古くから用いられている「官能評価」を基点として，これを拡大して考えると理解しやすい。官能評価とは，人間の感覚器官が感知できる属性に対する人間の感覚器官による評価である。しかし前項で述べたように，その概念は昨今では「感覚」に加えて「感じ方」にまで拡大されており，官能評価を拡張して，「人間の感性，すなわち感覚や感じ方による評価技術」とし「感性評価」と積極的に呼ぶようになったといえる。

　心理計測の計測方法としては，質問紙による順序カテゴリカル尺度法であるSD法または評定尺度法が用いられることが多い。得られた評価データの解析としては，官能評価ではいわゆる統計的官能評価法として多変量解析を用いることが定石化している [5][17]。

　これに対して感性評価法では，多変量解析にこだわらずにそれ以外の方法，たとえばラフ集合，ファジィ推論，ニューラルネットワーク，遺伝的アルゴリズム，自己組織化マップなども積極的に用いられている。

　生理計測の計測方法としては，従来の体温，発汗，アイマーク・レコーダー（アイカメラ）などの人間工学的方法に加えて，近年の神経科学の発展に伴い，fMRI（機能的磁気共鳴画像法）やEEG（脳波計）も活用されるようになってきた。その結果，人間の商品選択などの意思決定において，脳内のどの部位の神経細胞が活性化しているのかがわかるようになった。fMRIなどを利用したいくつかの実験結果から，同時に実施した心理計測のアンケート調査結果と合わないことや，消費者は快・不快の感情で購買決定を行っており，論理的思考による影響力は小さいことなどが指摘されている [18]。

1.5 経験価値と戦略的経験価値モジュール

1.5.1 経験価値

"experience（経験・体験）"をキーワードとする「経験価値」の概念が，アメリカを中心にマーケティングの世界で注目されている。「経験価値」とは，製品やサービスに対する顧客の使用体験に焦点を当てた顧客価値のことであり，「ハーレー体験」「スターバックス体験」「amazon.com 体験」といった表現が，企業のウェブサイトや CEO のコメントに昨今頻繁に見受けられる。

また，最近注目されている「サービスデザイン」は，顧客がサービスの利用を通して得られる体験価値を重視し，顧客の視点から事業やサービスを体系的に見直したり，新しいサービスを生み出す取り組みである[20]。この取り組みでも，経験価値が改めて注目されている。

筆者らは顧客の経験価値に訴求する商品・事業開発について，経験価値創造を競争戦略とするわが国における企業事例をケーススタディーとして分析している。「経験価値」という概念自体は新しいにもかかわらず，多くの日本企業，とくに老舗や地場・伝統産業にも実践事例を見ることができる理由は，消費者行動研究における心理学的な裏づけや，企業活動を通して獲得した暗黙知などが考えられる一方，これまでの「感性品質・感性工学」によるアプローチが実は「経験価値」と共通点があるのではないかと筆者らは考えた[21]。

「感性」を的確な英語 1 語で表す単語はないので，感性工学も "Kansei Engineering" と英語表記しているが，"experience" の意味するところは「感性」に最も近いと考えられる。さらに，「経験価値」の意味するところは後述する「感性品質」とほとんど同じである。さらに「経験価値マーケティング」が目指すのは「顧客の感性に訴える商品・ブランドづくり」であるので，「感性マーケティング」と言い換えてもほとんど同義である。

そこで以下では，「感性に訴える商品づくり」に資するように，「経験価値」を紹介した上で，「感性品質」との関係について述べる。

1.5.2 経験価値と戦略的経験価値モジュール

経験価値マーケティングの第一人者である米コロンビア大学のシュミット

(Bernd H. Schmitt) 教授は，「経験（experiences）とは，ある刺激（たとえば，購買の前後のマーケティング・エフォートにより提供されるもの）に対する反応として起こる個人的な出来事（private events）」であるとしている[22]。

したがって，「経験価値」とは，過去に起こった個人の経験や体験のことを指すのではなく，顧客が企業やブランドとの接点において，実際に肌で何かを感じたり，感動したりすることにより，顧客の感性や感覚に訴えかける価値のことである。

「経験価値」は，単なる顧客サービスとしての付帯的な価値ではなく，企業やブランドが提供する製品やサービスを顧客の側から捉えた場合の本質的な価値である。そして，「経験価値」を創造するマーケティング（経験価値マーケティング）においては，単に製品・サービスをモノとして売るのではなく，顧客の消費をライフスタイルにおけるコンテクスト（文脈）として捉え，その過程で感覚や感情に働きかけることにより，消費の意味づけを行うことを目的とする[21]。

さらにシュミット教授は，マーケティング活動に役立つ戦略基盤として，表1.1に示すように，経験価値を5つのモジュールに分類している[23]。

表1.1　シュミットの戦略的経験価値モジュール

分類	経験価値の内容
SENSE (Sensory)	五感に働きかける感覚的経験価値
FEEL (Emotional)	感情や気分に働きかける情緒的経験価値
THINK (Cognitive)	創造性や認知に働きかける知的経験価値
ACT (Behavioral)	肉体的経験価値とライフスタイル全般に働きかける行動的経験価値
RELATE (Relational)	準拠集団や文化との関連づけに働きかける関係的経験価値

出所：B.H.シュミット，嶋村和恵他訳：経験価値マーケティング，ダイヤモンド社，2000, 3章より作成

ここでは顧客の消費に伴う包括的な経験を取り扱っており，単純に商品・サービス自体を考えるのではなく，これらの消費状況に基づいて発生する顧客の経験を強調している。この考え方の根本は顧客の捉え方に起因しており，顧客を「理性と感性の生き物」として捉え，「顧客の消費は，しばしば感情などによる訴求により左右される」ことを重視したホルブルック（Morris B. Holbrook）らの主張[24]を発展させている。

1.6 経験価値と感性品質

1.6.1 心理学的な感性の定義と範囲から見た場合

シュミットの戦略的経験価値モジュールによる5分類は，認知科学と社会心理学を基盤としている[25]。"SENSE""FEEL""THINK"は，それぞれ認知科学における心理学的モジュール「感覚」「情動」「認知」に相当し，また"ACT""RELATE"は，それぞれ社会心理学における「身体的自己」「社会的自己」に相当するものと考えられる。なお社会心理学における「自己」とは，「自分が自分を客体的に認知するときの対象」のことである。

このような心理学的モジュールを基盤に考えた場合，マーケティングの世界における「経験価値」と，商品開発・品質管理における「感性品質」との関係性を考察することができる。相互の関係性を明確にすることは，これまで日本を中心に研究されてきた感性品質・感性工学の知識が，経験価値を創造するための設計品質として活用できることを意味する。

1.6.2 感性品質に関する整理

次に，「感性品質」について整理する。

「感性品質」とは，「感性に訴える品質」あるいは「感性により評価される品質」である[5]。顧客が主観的にどう感じているかを評価する品質としては，マーケティングでいわれる「市場品質」「知覚品質」などが同義であるが，前述の心理学的モジュールで考えた場合，図1.1に示したように「赤い色で薄く折り重なった形」という判断が知覚，「赤い大輪のバラの花」という判断が認知，さらに「美しい」「綺麗」「情熱的」といった感情がわき，それを表現するまでの一連のプロセスが「感性」である。

したがって，マーケティングでは消費者が主観的にどのように感じるかという意味で「知覚（パーセプション）」という語が使われるが，「知覚」よりは「認知」，「認知」よりは「感性」を用いるほうが情報処理論心理学的には適切である。また，日本の自動車会社では「感性品質」のセクションが設けられているが，英語名が"perceived quality"とされているのも同様に適当ではない。

1.6.3　商品学的な品質要素から見た場合

　また，商品の品質要素を分類する考え方の一つとして，商品学では「第1次品質」「第2次品質」「第3次品質」に分類する方法がある[26]。この説を発展させることで，品質要素における「感性品質」を表1.2のように定義できる。自動車を例とした場合，第1次品質は，走るという機能や動力性能などのように，測定機器による理化学的検査で客観的に測定される品質である。第2次品質は，スタイリング，乗り心地，居住性などのように，人間の感覚による官能評価で測定される品質である。第3次品質は，ネーミング，ブランド，企業名などのように，人間のイメージによるイメージ調査で測定される品質である[5]。

表1.2　商品の品質要素（自動車の例）

	品質要素	形態的要素	測定方法	感性評価 感性品質	経験価値
商品品質 (市場品質)	第1次品質	機能, 動力性能(加速・燃費)	理化学的検査	広義	
	第2次品質	スタイリング, 乗り心地, 居住性	官能検査	狭義	SENSE / FEEL
	第3次品質	ネーミング, ブランド, 企業名	イメージ調査		FEEL / THINK

出所：天坂格郎・長沢伸也：官能評価の基礎と応用―自動車における感性のエンジニアリングのために―，日本規格協会，2000, p.39, 表1.5.1 に加筆

　感性品質は，狭義には官能評価および（心理的な）イメージ調査により主観的に測定される第2次品質および第3次品質を指し，理化学的検査により客観的に測定される第1次品質と対比される。とくに第2次品質は，測定のための官能評価では自動車のスタイリングを実際に目で見たり，乗って体感したりすることが不可欠であることより，「自分で体験してみないとわからない」という経験価値，とりわけ"SENSE""FEEL"の特徴と共通している。また第3次品質は，感情的な絆を構築する意味では"FEEL"，創造的な思考を促す意味では"THINK"の特徴と共通する。なお広義には第1次品質も包含した総合的な商品品質（市場品質）そのものを指す。このことは，経験価値の総体が商品価値であることに符合する[4]。

1.6.4　経験価値と感性の情報処理プロセスとの関係

　経験価値は5つの戦略的経験価値モジュールに分類されており，SENSE は顧客の五感に基づく経験，FEEL は顧客の感情に基づく経験，THINK は顧客の認知・解釈に基づく経験，ACT は顧客の行動に基づく経験，RELATE は顧客を含めた社会・関係に基づく経験である。これらは感性の情報処理プロセスに現れる各活動による結果とも考えられるので，感性の情報処理プロセスとシュミットの経験価値モジュールの対応や因果関係を整理することができる[27]。
　これについては第2章で論ずる。

1.7　経験価値と機能的便益との関係

1.7.1　経験価値の事例研究

筆者はこれまで数多くの企業や製品の経験価値の事例を取り上げてきた。

① INAX のタンクレス・トイレ"SATIS"，日産自動車の SUV（Sports Utility Vehicle）"X-TRAIL"，京都企業「一澤帆布（現，信三郎帆布）」の帆布製鞄，サッカー J1「アルビレックス新潟」[21]

② 京菓子司「末富」の京菓子，香老舗「松栄堂」のお香，ラグジュアリーブランド「エルメス」のスカーフ・鞄 [23]

③ シャープの液晶 TV "AQUOS"，ワコールの高級ランジェリー "WACOAL DIA"，コクヨの消しゴム「カドケシ」，バンダイのエンタテイメント・オーディオ「リトルジャマー」[28]

④ 老舗「虎屋」の羊羹と "TORAYA CAFÉ" [29]

⑤ ソメスサドルの馬具と鞄，栗山米菓の1万円煎餅「米兆 ゆうき」，印傳屋上原勇七の伝統工芸「印伝」，ハナマルキのこだわり高級味噌「王醸」，山中漆器連合協同組合の和モダン・ホームウェア "NUSSHA"，カイハラの高級デニム，白鳳堂の化粧筆 [30]

⑥ 老舗「千總」の京友禅 [31]

⑦ 新潟県「朝日酒造」，新潟県「スノーピーク」，スイス "ZENITH"，スイス "HUBLOT" [32]

表 1.3　経験価値の事例研究で取り上げた各事例のモノ（製品など）とコト（経験価値）

出典	事例	モノ（製品など）	コト（経験価値）ならびに新たな顧客価値
① [21]	INAX "SATIS"	タンクレス・トイレ	トイレに対するイメージチェンジ，おもてなし空間
	日産自動車 "X-TRAIL"	SUV（Sports Utility Vehicle）	アウトドアスポーツのギア，アウトドアスポーツをする仲間意識
	京都企業「一澤帆布（現，信三郎帆布）」	帆布製鞄	こだわりの職人仕事
	サッカー J1「アルビレックス新潟」	サッカーチームとゲーム	熱狂空間，郷土愛
② [23]	裏千家お家元御用達の京菓子司「末富」	デザイン豊かで菓銘の付いた京菓子	日本文化，クラシック音楽などの教養
	創業 300 年の香老舗「松栄堂」	お香，スティックインセンス（線香）	日本文化，香りの文化
	ラグジュアリー最高峰「エルメス」	高価なスカーフ・鞄	貴族文化，とくに馬の文化
③ [28]	シャープ "AQUOS"	薄型液晶 TV	喜多俊之デザイン，吉永小百合 CF，原田大三郎プロモーション映像によるおもてなし
	ワコール "WACOAL DIA"	高価なランジェリー	オートクチュールデザイナーによるデザイン，先読みの接客，特別な空間によるおもてなし
	コクヨ「カドケシ」	カドが多数ある消しゴム	デザインにより喚起される小学校時代の記憶・想い出
	バンダイ「リトルジャマー」	エンタテイメント・オーディオ	デザインにより喚起される学生時代やバンド経験，ジャズ喫茶の記憶・想い出
④ [29]	500 年の老舗「虎屋」	羊羹，"TORAYA CAFÉ"	長い歴史・伝統，和に洋を取り入れた革新
⑤ [30]	北海道のソメスサドル	プロ用馬具と最高級ブランド鞄	馬から始まる北の大地の「ものづくり物語」
	新潟県の栗山米菓	1 万円煎餅「米兆 ゆうき」	頭で味わう米菓王国・新潟のこだわりプレミアム煎餅が「ばかうけ」する
	山梨県の印傳屋上原勇七	伝統工芸「印伝」	甲州で 400 余年，時空を超えた「一生もの」装飾革製品
	長野県のハナマルキ	こだわり高級味噌「王醸」「仙醸亭」「My みそ蔵」	信州・味噌作りの名工が復活させたプレミアム自家製味噌
	石川県の山中漆器連合協同組合	和モダン・ホームウェア "NUSSHA"	パリっ子のお気に入り！北陸の伝統産品「山中漆器」がグローバルに飛翔
	広島県のカイハラ	プレミアデニム	絣からデニムに転換，広島から内外有名ブランドジーンズに生地を提供
	広島県の白鳳堂	高品質「熊野化粧筆」	世界シェア 60％！熊野化粧筆に込められた技術者魂が女性を美しくする

出典	事例	モノ（製品など）	コト（経験価値）ならびに新たな顧客価値
⑥ [31]	450年の老舗「千總」	京友禅	「百年に一度」の危機を5回も乗り越えた京友禅のイノベーション
⑦ [32]	新潟県「朝日酒造」	日本酒「久保田」	「久保田」と名を刻まれた「淡麗・辛口」の銘酒
	新潟県「スノーピーク」	アウトドア製品	コンパスが示す「ナチュラル・ライフスタイル」の進路
	スイス "ZENITH"	スイス製機械式時計	質実剛健な職人が生み出す複雑時計
	スイス "HUBLOT"	スイス製機械式時計	融合が再定義する革新的ラグジュアリースポーツウォッチ
⑧ [33]	福岡県福岡市「一宇邸」	一般型シェアハウス	未来に向けて進化し続ける実験住宅
	東京都渋谷区 "THE SHARE"	一般型シェアハウス	昭和初期の「原宿セントラルアパート」がテーマ
	東京都大田区「コンフォート蒲田」	一般型シェアハウス	日本最大規模・260室のシェアハウス
	東京都千代田区 "Lang Boat Kanda"	コンセプト型シェアハウス	毎日英語漬けの「家中留学」を実現
	東京都大田区「コネクトハウス池上」	コンセプト型シェアハウス	食のプロ・起業家を育てるビジネススクール
	神奈川県川崎市「ペアレンティングホーム高津」	コンセプト型シェアハウス	シングルマザーのための子育て基地
	東京都豊島区「ロイヤルアネックス」	コミュニティ型賃貸マンション	壁紙が選べる「カスタムメイド賃貸」の先駆け
⑨ [34]	リシャール・ミル	平均価格1,600万円の高価格時計	時計のF1がテーマの「エクストリーム・ウォッチ」
	トーキョーバイク	街乗り用の高価格自転車	「TOKYO SLOW（東京をゆっくり走ろう）」がコンセプト
	ホワイトマウンテニアリング	アウトドア感覚のファッション	「服を着るフィールドは全てアウトドア」というコンセプト
	バルミューダ	高機能のデザイン家電	「最小で最大を」という理念に基づいた製品開発

出所：長沢伸也：感性工学と感性評価と経験価値, 経営システム, 26, 1, 2-12, 2016, 表3を加筆修正

⑧ シェアハウスの福岡県福岡市「一宇邨」，東京都渋谷区"THE SHARE"，同大田区「コンフォート蒲田」，東京都千代田区"Lang Boat Kanda"，同大田区「コネクトハウス池上」，神奈川県川崎市「ペアレンティングホーム高津」，東京都豊島区「ロイヤルアネックス」[33]

⑨ 平均価格 1600 万円の高価格時計「リシャール・ミル」，街乗り用の高価格自転車「トーキョーバイク」，アウトドア感覚のファッション「ホワイトマウンテニアリング」，高機能のデザイン家電「バルミューダ」[34]

以上で取り上げた各事例をモノ（製品など）とコト（経験価値）の観点からまとめて表 1.3 に示す。

以上の各事例を経験価値創造の視点から分析した結果，SENSE, FEEL, THINK, ACT, RELATE のいずれもが高度な水準で具備されており，各事例は経験価値の集合体であると同時に技術経営的アプローチから商品開発されたといえる。また，各事例を経験価値創造の事例として分析と考察を行うと，シュミットの 5 つの経験価値分類に基づいて整然と説明することができる。したがって，経験価値に関するこれらの考え方は，従来の機能的便益と相補うことで従来とは異なった，顧客の感性に訴える商品開発を進めるうえで大いに参考になり，新たな顧客価値を創造していくものと考えられる。

そして，各事例は，企業の商品開発力が顧客の経験価値の源泉となっており，ライフスタイルや文化を含めた製品に対する経験価値を創造している。技術（トイレのタンクレス化，京都の地域伝統産業と職人仕事など）という特徴を生かすことにより，顧客の経験価値を高め，競争優位性を確保できることを各事例は実証している [2]。

1.7.2　経験価値と機能的便益との関係

これらの事例の分析結果をもとに従来の機能的便益と新たな経験価値との関係や，経験価値が果たしている役割とはどんなものかを考えてみる。

機能的便益と経験価値の関係を考察するにあたって，顧客価値創造の観点から顧客にとって「何を提供し，何を生み出すか」を考えてみることは相対的関係を分析するのに有効であろう。

機能的便益の視点から考えた場合，たとえば，INAX のタンクレス・トイレ

"SATIS"ではトイレ自体の機能性向上や使い勝手などの利便性向上を顧客価値として生み出していると考えられる。また，多様なオプションによる品ぞろえで顧客の好みによる選択の向上やデザインの統一によるイメージ向上なども同様に価値として生み出していると思われる。ただし，タンクがなくなることによる省スペースで，従来トイレを設けることができないような狭い場所（たとえば日本家屋の壁芯 90 cm 四方のスペースなど）でも洋式トイレを設けられるという売り方であれば，単に機能的便益だけによるヒットである。

　経験価値の視点から考えた場合，たとえば，トイレではトイレ自体から生み出される顧客価値というよりは，トイレを含めた空間全体が「おもてなし」という顧客価値を生み出していると考えられる。つまり，いままでとは異なったトイレ全体の空間や雰囲気を提供することで顧客の心理や感性に訴えかけ，トイレに対する認識を根底から覆す顧客価値を生み出しているといえる。これは，顧客のライフスタイルに影響を及ぼすほどの新たな顧客価値を創造しているということである。

　以上のような機能的便益と経験価値が生み出している顧客価値を比較してみると，互いに重複する部分はあるものの，補完的関係にあると考えることができる。機能的便益はトイレの機能的側面や利便的側面の向上による顧客価値を提供しており，経験価値は機能的便益では与えることができなかった顧客の感性に対する心理的側面の向上によって顧客価値を提供しているのである。言い換えると，機能的便益は「物理的・身体的な満足を与える価値」を提供し，経験価値は「心理的・感性的な満足を与える価値」を提供している。

　図 1.3 は，機能的便益と経験価値の相対的関係をイメージした図であり，お互いが得意の領域を持ちつつも補完し合いながら共存している関係であると考えられる。また，お互いの補完関係が維持されているのは，技術経営的アプローチが実現しているものと考えることができる。つまり，技術経営的アプローチによって新規技術の開発（ダイレクトバルブ洗浄の開発など）を実現することで，機能的便益（タンクレスによる省スペースなど）を価値として提供している。また，経験価値（トイレに対するイメージチェンジなど）は新規コンセプトの実現で，顧客の心理に影響を及ぼしながら感性に関わる価値へと変化し，提供している。そして，機能的便益と経験価値が相補うことで，いままでとはまったく違う新たな顧客価値（トイレのおもてなし空間化など）を創造

している [21]。

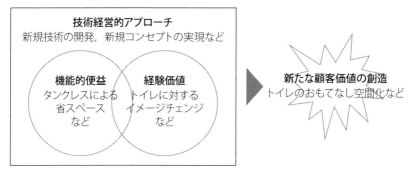

図1.3 機能的便益と経験価値の相対的関係イメージ
出所：入澤裕介：INAX SATIS の経験価値創造, 長沢伸也編著『ヒットを生む経験価値創造
―感性を揺さぶるものづくり―』所収, 日科技連出版社, 133, 2005, 図5-6に加筆

1.8 おわりに

　本稿では，感性工学とその基幹技術である感性評価，および具体的な応用といえる感性品質や経験価値を中心とした感性商品研究の概要を紹介した。

　なお，カール・マルクス（1818〜1883）の『資本論』[35]で述べられている「物神的価値（fetish value）」は，ラグジュアリーブランドなどの高級感やステータスなど感情に訴えかける感性価値とほぼ同一であることがわかり感銘を受けた。

　マルクスは商品の神秘的な性格はその使用価値にあるわけではなく交換価値から生じるとしており，物神的価値は商品本来の価値と市場価格との乖離という資本主義特有の価値を指す[36]。

　また，経済学における探索財，経験財，信用財という財の分類では，経験財で経験する経験は正に経験価値である。また，信用財の典型はラグジュアリーであり，物神的価値が超過利潤（通常には起きないような出来事などを原因として，そこから想定よりも多く発生する利潤）や独占レント（独占力を使って売買相手から奪いとった富）が生ずると考えられる。

　一方，世の中には多くの製品やサービスが溢れており，選択肢が多いなかで消費者が最適な選択や決定をすることは，情報が多過ぎるゆえにかえって困難

になり，むしろその選択をした納得のいく理由が必要であるとされる。これが行動経済学で言われる「理由に基づく選択（十分な理由があって選択を合理化できれば，たとえ矛盾があったとしてもかまわない）」理論である。これは生理計測からの知見とも符合する。消費が低迷しても高価格なラグジュアリーブランド品が支持され続けるのは [37]~[39]，購入という選択・決定をする際に，品質やブランドに対する安心感や満足度に加えて，ある種の物語（ストーリー）や「これでなくてはダメなんだ」という納得性の高い理由があるからであろう [40]。

以上のように，経済学との境界領域にも研究を拡げたい。

参考文献

[1] 長沢伸也：感性工学と感性評価と経験価値，経営システム，26，1，2-12，2016
[2] 長沢伸也：感性品質と経験価値，流通情報，44，3，30-38，2012
[3] 長沢伸也：おはなしマーケティング，日本規格協会，1998
[4] 長沢伸也（編著）：感性をめぐる商品開発 ―その方法と実際―，日本出版サービス，2002
[5] 天坂格郎・長沢伸也：官能評価の基礎と応用 ―自動車における感性のエンジニアリングのために―，日本規格協会，2000
[6] 小川明：感性革命，ティビーエス・ブリタニカ，1983
[7] Naisbitt, J.：*Megatrends ―Ten New Directions Transforming Our Lives―*，Warner Books, 1982（竹村健一訳：メガトレンド，三笠書房，1983）
[8] 藤岡和賀夫：さよなら，大衆 ―感性時代をどう読むか―，PHP 研究所，1984
[9] 博報堂生活総合研究所：「分衆」の誕生 ―ニューピープルをつかむ市場戦略とは―，日本経済新聞社，1985
[10] 日本経済新聞社（編）：Q&A マーケティング 100 の常識，36-37，日本経済新聞社，1989
[11] 宇野政雄編：マーケティングがわかる事典，68，日本実業出版社，1987
[12] 電通マーケティング戦略研究会（編）：感性消費・理性消費，日本経済新聞社，1985
[13] 長沢伸也：感性に訴える製品をつくる ―感性工学―，海保博之編『「温かい認知」の心理学』所収，183-204，金子書房，1997
[14] 飯田健夫：感じる ―ここちを科学する―，オーム社，1995
[15] Lindsey, P.H., and Norman, D.A.：*Human Information Processing ―An Introduction to Psychology 2nd ed*，Academic Press，1977（中溝幸夫・篠田裕司・近藤倫明共訳：情報処理心理学入門 I，サイエンス社，1983）
[16] 長沢伸也（編著）：感性商品開発の実践 ―商品要素へ感性の転換―，日本出版サービス，2003
[17] 長町三生：感性工学，海文堂出版，1989
[18] 長沢伸也（編著）：Excel でできる統計的官能評価法 ―順位法，一対比較法，多変量解析からコンジョイント分析まで―，日科技連出版社，2008
[19] 長沢伸也：感性工学，日本経営工学会編集『ものづくりに役立つ経営工学の事典 ―180 の知識―』所収，朝倉書店，32-33，2014

[20] 香林愛子：そのサービス，誰の心に響いていますか？ 日本ユニシス BITS2018 フォーラム資料，2018
[21] 長沢伸也編著，WBS 長沢研究室（山本太朗・入澤裕介・山本典弘他）共著：ヒットを生む経験価値創造 ―感性を揺さぶるものづくり―，日科技連出版社，2005
[22] Schmitt, B.H.：*Experiential Marketing*：*How to Get Customers to Sense, Feel, Think, Act, and Relate to Your Company and Brands*，Free Press，1999（嶋村和恵・広瀬盛一共訳：経験価値マーケティング，ダイヤモンド社，2000）
[23] 長沢伸也編著，WBS 長沢研究室（入澤裕介・染谷高士他）共著：老舗ブランド企業の経験価値創造 ―顧客との出会いのデザインマネジメント，同友館，2006
[24] Holbrook, Morris B., and Hirschman, E.C.：The Experiential Aspects of Consumption ―Consumer Fantasies, Feelings, and Fun, *Journal of Consumer Research*, 9（2），132-140，1982
[25] Schmitt, B.H.：*Customer Experience Management*：*A Revolutionary Approach to Connecting With Your Customers*，John Wiley，2003（嶋村和恵・広瀬盛一共訳：経験価値マネジメント，ダイヤモンド社，2005）
[26] 吉田富義：商品学 ―商品政策の原理―，国元書房，1986
[27] 入澤裕介・長沢伸也：商品開発における商品デザインと感性価値の考察 ―経験価値・感性・エモーショナルデザインの関係性―，デザインシンポジウム 2012 講演論文集，361-367，2012
[28] 長沢伸也編著，WBS 長沢研究室（藤原亨・山本典弘）共著：経験価値ものづくり ―ブランド価値とヒットを生む「こと」づくり―，日科技連出版社，2007
[29] 長沢伸也・染谷高士：老舗ブランド「虎屋」の伝統と革新 ―経験価値創造と技術経営―，晃洋書房，2007
[30] 長沢伸也編著，WBS 長沢研究室共著：地場・伝統産業のプレミアムブランド戦略 ―経験価値を生む技術経営―，同友館，2009
[31] 長沢伸也・石川雅一：京友禅「千總」450 年のブランド・イノベーション，同友館，2010
[32] 長沢伸也・西村修：地場産業の高価格ブランド戦略 ―朝日酒造・スノーピーク・ゼニス・ウブロに見る感性価値創造―，晃洋書房，2015
[33] 長沢伸也・小宮理恵子：コミュニティ・デザインによる賃貸住宅のブランディング ―人気シェアハウスの経験価値創造―，晃洋書房，2015
[34] 長沢伸也・坂東佑治：ハイエンド型破壊的イノベーションの理論と事例検証 ―リシャール・ミル，トーキョーバイク，ホワイトマウンテニアリング，バルミューダのブランド戦略―，晃洋書房，2019
[35] Marx, K.：Das Kapital I, 1867（向坂逸郎訳：資本論，岩波文庫，第 1 巻第 1 篇第 1 章,1969）
[36] 長沢伸也：感性価値／物神的価値のこれから ―ラグジュアリー戦略の適用と重要性―，第 20 回日本感性工学会大会予稿集，C3-05 pp.1-7，2018
[37] 長沢伸也：ブランド帝国の素顔 LVMH モエ ヘネシー・ルイ ヴィトン，日本経済新聞社，2002
[38] Kapferer, J.-N., and V. Bastien：The Luxury Strategy，Kogan Page，2009（長沢伸也訳：ラグジュアリー戦略，東洋経済新報社，2011）
[39] 長沢伸也：高くても売れるブランドをつくる！―日本発，ラグジュアリーブランドへの挑戦―，同友館，2015
[40] 長沢伸也：ラグジュアリーブランドにおける信頼と安心，感性工学，Vo.17, No.1, pp.18-24，2019

第2章 感性商品開発における商品デザインと感性価値

2.1 はじめに

　昨今の厳しい企業環境において，他社との差別化を図り競争優位性を創造するためには，顧客や社会集団を惹きつける商品開発が必須の要件となっている。とりわけ，顧客の感性や行動に働きかける感性商品デザインが，未だに重要なテーマとして考えられている。

　とくに，顧客の経験に焦点を当てた経験価値マーケティングの研究，顧客の心理に焦点を当てた認知心理学におけるユーザーインターフェースの研究，さらに顧客の感覚や感じ方，使い心地などに焦点を当てた感性マーケティングの研究などがあり，ビジネスの側面から多くの研究が実施されている。

　本章では，Bernd H. Schmitt が主張している経験価値論，感性科学や感性工学で主張されている感性の情報処理プロセス，Donald A. Norman が主張しているエモーショナル・デザイン論に見る3つのデザイン要素などの理論的ポジションはどのような位置付けか，お互いの理論についてどのような関係があるのか，について理論的考察を行い，商品開発における商品デザイン面で，どのようなデザインプロセスが存在し，そのプロセスが操作の難しい顧客の経験にどのような影響を及ぼすことができるか，について事例分析を通じて考察を試みる。

2.2 顧客の経験・感性における先行研究

2.2.1 経験価値に関する整理

　経験価値とは，顧客を「理性と感性の生き物」と認識し，商品・サービスの消費状況に伴う顧客自身の"経験"を指しており，図2.1のように SENSE（Sensory），FEEL（Emotional），THINK（Cognitive），ACT（Behavioural），RELATE（Relational）の5つの価値に分類できると述べている[5]。ここでは

顧客の消費に伴う包括的な経験を取り扱っており，単純に商品・サービス自体を考えるのではなく，これらの消費状況に基づいて発生する顧客の経験を強調している。この考え方の根本は顧客の捉え方に起因しており，顧客を「理性と感性の生き物」として捉えたのは Morris B. Holbrook であり，「顧客の消費は，しばしば感情などによる訴求により左右される」と述べている [1]。

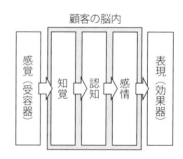

図 2.1 経験価値モジュール
出所：Schmitt, 1999 より作成

その他に，経験価値を中心とした理論考察として，経験価値を実現するための戦略的実行条件の検討 [10]，デザインが導く経験価値の考察 [11]，そして経験価値とおもてなし価値に関する考察 [11] を挙げることができる。また，経験価値の事例研究としては，老舗企業やエルメスなどの国内・海外ブランドなど多くの事例分析がなされている。

経験価値については，理論面・事例面から研究がなされているが，ビジネスの実務面における利用価値について，さらなる検討の余地があると考えられている。

2.2.2 感性に関する整理

感性という言葉は，哲学的な定義，認識論的な定義，心理学的な定義とさまざまな捉え方がなされている。とくに，感性は理性や知性と対立した感覚的で非合理的なものと考えることができる。感性に関する研究は，感性マーケティング，感性科学や感性工学，感性デザインなど幅広く行われているが，人間の心理に働きかけ，心のなかで起こる出来事の処理と対応させた情報処理論的研究として認知心理学の分野で実施されていた [2]。

図 2.2 感性における情報の流れ
出所：長沢, 2002 より作成

このような視点から感性を見ると，商品・サービスなどの外部の刺激によっ

て，人間の感覚受容器に伝えられた後に発生する一連の情報の流れ「感覚→知覚→認知→感情→表現」として感性を捉えることができ（図 2.2），この感性を活かした商品・サービスの開発に向けた方法論の研究なども行われている[9]。

以上のように，人間の心理面からの研究を中心に感性に関わる研究が進められており，感性関連の研究と感性に関わるビジネスなどが多く取り上げられている。

2.2.3 エモーショナルデザインに関する整理

最近のプロダクトデザインに関わる研究では，人間を中心に考えるユーザーセンタードデザインや感性デザインなどがあり，環境や持続可能性を中心に考えるエコデザイン，幅広い消費者を対象としたユニバーサルデザインなど多面的に実施されている。

そのなかでもエモーショナルデザインに関する研究の代表格は，認知心理学者である Donald A. Norman の研究と言える。人間の特性は，脳機能の視点から見ると 3 つの処理レベルに分けることができ，人間の持つ情動は，自動的で生来的な層である「本能的レベル」，日常の行動を制御する部分を含んだ層である「行動的レベル」，意識的に考える

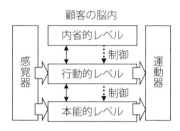

図 2.3 脳処理の 3 レベル
出所：Norman, 2004 より作成

ような脳が熟慮する層である「内省的レベル」に分類することができると述べている[4]。これら 3 つのレベルは相互作用しあい，お互いに影響を及ぼしあっており，本能的レベルと行動的レベルは感覚器官による知覚によって駆動され，内省的レベルは意識した思考によって駆動され，本能的レベルと行動的レベルを常に監視・制御している（図 2.3）。

このような人間の持つ情動レベルに対して，各レベルに対応するデザインが必要で，かつ，それぞれのレベルに対して商品やサービスのデザインアプローチを取ることが重要であると述べている[3]。

ただし，このアプローチは人間の認知と情動を科学的に理解することで商品のデザインにどのように影響を与えるかに焦点が当てられており，顧客の経験

や使い方などはあまり言及されていないが，商品・サービスのデザインを顧客の3つのレベルに基づいて考えることで，商品デザインは顧客の行動に重要な役割を果たすことを示している。

以上の先行研究は顧客の心理面・感情面から研究されているが，顧客の経験を軸とした整理がなされていないと考えられるし，顧客の経験に訴える商品デザインの側面から見てもその必要性があると考える。そのため，次節から顧客の経験を軸に理論的考察と検討を進めていくことにする。

2.3 比較検討による理論的考察

2.3.1 各理論で想定されるポジション

顧客の経験を中心に考察を進めていく上で，経験の本質的な側面から考えていく。顧客が「経験する」という意味は，顧客が外部に存在する商品やサービスの利用・活用あるいは消費行動によって，顧客が商品やサービスから物理的な刺激を受け，その刺激に基づいて顧客の内部で心理的なプロセスを経て，最終的に顧客が反応するというように考えることができる。つまり，商品やサービスなどの刺激を促す原因があり，それに基づき顧客の内部で何がしかの処理が行われ，「顧客の反応＝経験」という結果が得られる一連のプロセスと言える。

このような観点から先行研究で述べた各理論を考えてみると，表 2.1 のように整理することができる。

表 2.1 各理論の想定されるポジションの整理

プロセス	理論	スコープ	立場
INPUT（原因）	エモーショナルデザイン	商品・サービスの広義なデザイン	客観的
PROCESS（処理）	感性の定義	心理的側面に基づいた脳内情報処理	折衷的
OUTPUT（結果）	経験価値マーケティング	人を中心に据えた包括的な経験	主観的

経験価値マーケティングの論点は，商品やサービスの消費による顧客の経験を分類・整理し，その経験を創造するためのマーケティング戦略目標として展開している点にある．つまり，結果としての経験に焦点を当てており，主観的立場を考慮した理論と考えられる．

顧客の経験を結果として捉えた場合，やはり何らかの処理を経由していると考えられ，そのプロセスが感性の定義でも述べられた情報処理モデルが適切と思われる．それは，感性の定義における論点が，物理的・心理的な側面から見た人間内部の処理を情報処理の観点から分類・整理し，「感覚→知覚→認知→感情→表現」による一連のプロセスに展開した点にあるためである．

そして，その処理を実施する場合，同様に何らかの刺激（原因）が必要となると考えられ，商品・サービスからの刺激を創造するデザインが適切と思われる．それは，エモーショナルデザインの論点が，商品やサービスの消費行動には，顧客の情動が関わっており，本能・行動・内省の対応した3つのデザインに分類・整理し，情動レベルに基づく商品・サービスのデザインに展開した点にあるためであり，客観的立場を考慮した理論と考えられる．

以上から，各理論は，顧客が「経験する」という視点から顧客の経験を軸にして整理すると，考察しているスコープが明確になったことが説明できる．これを基にして，各理論の関係性について考察を進めていく．

2.3.2　理論的ポジションに基づく関係性の考察

はじめにエモーショナルデザインと感性の情報処理プロセスの関係性について考えてみる．前述のとおり，商品やサービスに対する広い意味でのデザインには3種類のデザインが考えられ，各デザインに対応して顧客の脳処理における3つの処理レベルに働きかけるとNormanは述べている．つまり，商品・サービスをデザインするときは，顧客の脳処理レベルに応じたデザインが必要ということになる．一方，感性の情報処理プロセスでは，最初の「感覚」は顧客の五官（感覚受容器），最後の「表現」は顧客の身体（効果器），その中間である「知覚・認知・感情」は顧客の脳内で起こる活動を指している．

これら顧客の脳機能という観点から見ると，図2.4のように整理することができる．

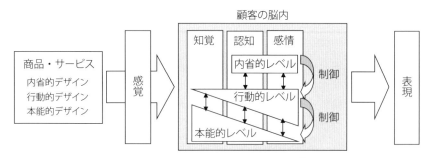

図 2.4　Norman の脳処理レベルと感性の情報処理プロセスの関係

　感性の情報処理プロセスは，顧客の脳内におけるシーケンスな活動となっており，各活動に対して Norman の処理レベルが関係付けされていると考えられる。Norman は「本能的レベルと行動的レベルは知覚によって駆動され，内省的レベルは思考によって駆動される」と述べており，「知覚」において内省的レベルはなく，「認知」から存在していると思われる。
　つまり，知覚の側面から見れば「本能的知覚と行動的知覚」の 2 種類が存在すると考えられる。また，認知の側面から見れば「本能的認知・行動的認知・内省的認知」の 3 種類があり，感情の側面から見ると同様に「本能的感情・行動的感情・内省的感情」の 3 種類が存在すると思われる。とくに，知覚では本能的レベルの割合が多く占めると考えられ，本能的知覚が主に影響が大きいものと考えられる。また，感情では行動的レベルの割合が多く占めると考えられ，内省的レベルの影響下で働くものと思われる。そして，認知では本能的レベルと行動的レベルは同程度の割合と考えられ，内省的レベルが主に影響するものと思われる。
　以上から，エモーショナルデザインにある本能的デザイン・行動的デザイン・内省的デザインは，商品・サービスからの刺激を「感覚」を通じて，「知覚・認知・感情」の活動に対応する各レベルで処理され，顧客の感性に訴えかけるという関係性があると考えられる。
　次に感性の情報処理プロセスと経験価値の関係性について考えてみる。前述した経験価値は 5 つの戦略的経験価値モジュールに分類されており，SENSE は顧客の五感に基づく経験，FEEL は顧客の感情に基づく経験，THINK は顧客の認知・解釈に基づく経験，ACT は顧客の行動に基づく経験，RELATE は

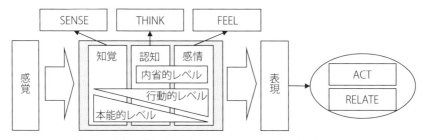

図 2.5 感性の情報処理プロセスと Schmitt の経験価値の関係

顧客を含めた社会・関係に基づく経験である。これらは感性の情報処理プロセスに現れる各活動による結果とも考えられ，図 2.5 のように整理することができる。

　先述した Norman の処理レベルから考えると，本能的知覚と行動的知覚が一緒になって顧客の知覚が刺激され，SENSE という感覚的経験価値が創造される。その後，本能的認知・行動的認知・内省的認知が一緒になって顧客の認知が行われ，THINK という認知的経験価値が創造される。そして，本能的感情・行動的感情・内省的感情が一緒になって顧客の感情が引き起こされ，FEEL という感情的経験価値が創造される。その結果，顧客は「表現」を通じて行動が促されていくものと考えられる。

　感性の情報処理プロセスにおける「表現」と経験価値の ACT・RELATE が関係付けられている。これは，「表現」の情報処理を通じて顧客本人が行動（自らが行動変化）していることを指しており，顧客自身が行動あるいは行動スタイルなどの変化によって，ACT という行動的経験価値を創造している。また，同様な商品やサービスの提供を受けている顧客は複数存在するため，他の顧客も同じようなプロセスを経由し，お互いが同様な行動を取るために意識的につながり感を持つようになる。そのようなつながり感によって，RELATE という関係的経験価値が創造され，顧客同士による社会的なつながり感のある行動を起こすものと考えられる。

　以上より，感性の情報処理プロセスを通じて，経験価値が創造されることが理解できた。そして，エモーショナルデザインを実践している商品やサービスによって，本能的デザイン・行動的デザイン・内省的デザインが感性の情報処理プロセスに働きかけ，その過程で顧客の経験を通じて経験価値が創造される

という一連の流れがあることが理解できた。次にこの流れを具体的に検証するために，次節では事例研究を試みることにする。

2.4 事例分析

前述した考察を具体的に見るために，ここでは3つの事例をベースに分析を試みる。事例として，映画「ファインディング・ニモ」，自動車「ニュー・ビートル」，携帯端末「iPhone/iPod touch」を選定したが，選定は以下の理由に基づき行った。

① Normanのエモーショナルデザインで扱った事例に基づき，Schmittの経験価値で分析できること　⇒映画「ファインディング・ニモ」
② Schmittの経験価値で扱った事例に基づき，Normanのエモーショナルデザインで分析できること　⇒自動車「ニュー・ビートル」
③ ヒット商品で誰もが理解できるオリジナルの事例分析ができること
　⇒携帯端末「iPhone/iPod touch」

2.4.1 映画「ファインディング・ニモ」

最近注目を浴びているPIXAR（ピクサー）の映画は，「ファインディング・ニモ」「トイ・ストーリー」「カールじいさんの空飛ぶ家」などヒット映画を連続して生み出しており，成功している。

このような映画はサービス産業のひとつではあるが，顧客の感性や経験に訴えかけるエンターテイメント分野でもあり，事例分析として有用であると考えており，ここではPIXARの代表的な映画である「ファインディング・ニモ」を基に事例分析を試みる。

「ファインディング・ニモ」のあらすじは，オーストラリアのグレートバリアリーフで生まれたカクレクマノミの子供ニモが，6歳になって初めて学校へ行く日に人間のダイバーにさらわれてしまい，父親のマーリンは陽気なナンヨウハギのドリーらの助けを借りてニモを取り戻す旅に出る，という内容である。全米ではアニメ史上最高となる驚異的な興行記録を更新し，世界各国でも大ヒットした映画である。

映画には多くの構成要素があり，撮影・照明・音響・映像処理の技術，監督やカメラマンなどのノウハウ，物語（ストーリーや出来事，キャラクターなど）や脚本，出演する役者などが考えられる。とくにアニメーションの世界では，実写映像に近い映像をつくるためのプロダクションデザイン，それを支える映像技術，仮想のカメラアングルを考慮するレイアウト，具体的なものづくりとなるアニメーション，役者の音声を入れ込むレコーディング，そして音響全体のサウンドデザイン，最終工程のレンダリングなどがある。

観客は，映画レイアウト時のカメラアングルや照明の当たり具合，BGMを含めた音響効果，リアリティを生み出すアニメーション技術・映像処理などによって，本能的な部分が刺激され自動的な反応に駆り立てられる。たとえば，ニモの父マーリンが凶暴な鮫ブルースに追いかけられるシーンでは，スピーディな映像と音楽によって刺激され，襲われるスリルや興奮が起こる。その他にも深海魚やカモメなどに襲われたり，鯨に飲み込まれたりなど想像を絶するシーンが繰り広げられ，観客の本能に揺さぶりをかけているようである。

また，空想の世界へと誘うストーリーやシナリオ，役者の声による演技力などによって，観客の行動的な部分が刺激され，ストーリーに惹きつけられて釘付けになり，キャラクターと一体感を持ちながら映画の情動的な流れに巻き込まれる。たとえば，前述した襲撃シーンも含めて親子愛や苦難を乗り越えるストーリーを思い浮かべると，受身的に映画館に座っているだけだが，映画に出ているマーリン（キャラクター）の代わりに自分が子供のニモを追跡しているように時間を忘れて夢中になり，ワクワク・ドキドキしながらニモを探したいという気持ちになる。これは，観客自身が現実世界から解き放たれている様子を表している。

そして，映画が伝えようとしているメッセージやキャラクターの人物像，出来事，現実社会へのメタファーやアナロジーなどによって，観客の内省的な部分が刺激され，登場人物やストーリーの表層から見て取れる以上の奥行きある豊かな意味を生み出す。たとえば，この映画のストーリーでは，単純なニモの追跡と考えずに観察して論理的に見ることで，ニモの冒険と成長があり，父マーリンには想像できないほど親子愛が強くなるという現実社会とのアナロジーが考えられるなど，裏側の仕組みに気が付く（見つける）という特別な喜びなどがある。

前述した考察より，観客から創造される経験価値を考えてみると，SENSE は，リアリティのあるスピーディなアニメーション映像と音楽，マーリンやニモなどのキャラクターとの一体感（代理感覚）によって，観客の五感が映画「ファインディング・ニモ」の水中世界を現実のものとして捉える経験を創造する。FEEL は，一体感によるスリルや興奮でのワクワク・ドキドキ感を伴いながらニモを探したいという感情が生まれ，その背景にある特別な意味を理解した喜びという経験を創造する。THINK は，ニモの追跡シーンなどのリアルに近い追体験を通じて，その裏側にあるストーリーの本質となる親子愛などに気付き，その制作の奥深さに驚嘆するという経験を創造する。

そして，ACT は，現実に行動するわけではないが，現実世界と映画のキャラクター（マーリンやニモなど）との一体感によって，仮想的ではあるがキャラクターと同じ行動体験をするという経験を創造している。最後に，RELATE は，映画による追体験などによって，現実の親子関係や子供の教育，親子の愛情など実社会におけるメタファーやアナロジーを理解し，他の観客（とくに父親）と同じような親子愛や子供の教育姿勢などについて心のつながりが発生し，その映画に対する共有感を持つという経験を創造する。

以上のように，映画サービスというカテゴリーのなかで「ファインディング・ニモ」という事例分析を試みた結果，成功している映画は，商品・サービスにおけるエモーショナルデザインが感性の情報処理プロセスの過程を経て顧客の経験が生み出され，経験価値という顧客価値が創造されることが検証できたと考えられる。

2.4.2　自動車「ニュー・ビートル」

次に，古くから存在するフォルクスワーゲンの「ニュー・ビートル」について事例分析を試みる。

1979 年に生産を打ち切られる以前は，フォルクスワーゲンと言えばビートルと言われるほど有名な自動車であったが，その後フォルクスワーゲンの自動車はまったく売れず世界的に大きな損失を出していた。

しかし，1993 年に当時の会長であったフェルディナンド・ピエッヘ氏の発案で新たなビートルの開発を指示し，1994 年にはデトロイトのモーターショー

に試作車が出品され絶賛を浴びている．これを機会に顧客からの要望が高まり，コンセプトも新たな自動車として「ニュー・ビートル」が誕生し，フォルクスワーゲンは昔の栄光を取り戻したのである．

　この「ニュー・ビートル」は，以前のビートルと比較すると似たような形状をしており，曲線を組み合わせたスタイルなどは違いがないように見えるが，やはり外観やフォルムは独特な主張をしていると思われる．顧客は，その丸みを帯びた外観やフォルムによって本能的な部分が刺激され，一般的には見られない独特なフォルムと美しさを通じて，視覚的に他の自動車と識別し，温かみを感じるようになる．

　また，自動車の機能としての側面から見ると以前とは大きく違っており，携帯電話の電源，ハンドルの調整機構，優秀なオーディオシステム，リモコンによるドアロックなど，現代的な設備が装備されている．また，外観はそれほど大きくはなっていないが，室内空間は広くなっており，最新の自動車技術が盛り込まれている．そのため，外観はレトロな感じを残しつつも，自動車の走行能力は一段と向上しており，楽しみながらドライブしたいという行動的な感情に引き込まれ，ドライブをすることで「独特な個性を持った自分だけの車」という愛情が芽生えるのである．

　そして，「ニュー・ビートル」は，自動車を単なる輸送の手段とする考え方を変えてしまい，過去の時代に醸し出していた雰囲気をまったく失わず，表向きはレトロでありながらもその裏側に隠された未来志向を持った自動車であると再認識させてくれる．その再認識によって，ノスタルジアの感情が引き起こされるのである．

　前述した考察より，「ニュー・ビートル」の利用者から創造される経験価値を考えてみると，SENSE は，独特な丸みを帯びたフォルムと外観に似合わないドライビング体験によって，顧客の五感に訴えかけており，とくに視覚的に際立った「ニュー・ビートル」の識別性と審美性が強調された経験を創造する．FEEL は，外観の丸みなどから生み出される温かみと「独特な個性を持った自分だけの車」という愛情が生まれ，レトロさの認識によるノスタルジアの感情が誘起されるという経験を創造する．THINK は，表向きはレトロな外観にもかかわらず，最新の設備と技術が備わっており，その裏側には未来志向が含まれた最新の自動車という認識と気づきを与え，そのギャップに驚嘆するという

経験を創造する。

そして，ACT は，「独特な個性を持った自分だけの車」によるドライビング体験をすることで，顧客自身を個性的な人物に変える力があり，顧客自身の行動を変えてしまうようなライフスタイル・カーのような意味が含まれている。そして，その行動変化によって顧客は自分だけの世界を描く経験を創造している。最後に，RELATE は，この「ニュー・ビートル」を見て乗ることによって，かつて 1960 年代に若い世代だった人々が昔を追体験することができ，「ニュー・ビートル」とのつながり感を持つことができる。また，現代の若者はかつてのシックでレトロな雰囲気をクールなものと考えることで，新たなつながり感を持てる。このつながり感によって，60 年代に若かった世代と現代の若者との間に「ニュー・ビートル」による新たな共有感が生まれるという経験を創造するのである。

以上のように，差別化が難しい自動車というカテゴリーのなかで「ニュー・ビートル」という事例分析を試みた結果，フォルクスワーゲンが鳴り物入りで復活を成功させた自動車についても，商品・サービスにおけるエモーショナルデザインが感性の情報処理プロセスの過程を経て顧客の経験が生み出され，経験価値という顧客価値が創造されることが検証できたと考えられる。

2.4.3　携帯端末「iPhone / iPod touch」

最近の携帯端末は非常に多くの商品が乱立しており，ノートパソコン，ノートブック，ハンドヘルドコンピュータ，携帯電話など非常に幅広い世界である。この携帯端末分野において，近年注目を浴びている商品として「iPhone/iPod touch」を挙げることができる。有名な Apple 社の開発した商品であり，発表当時から米国をはじめ国内でも爆発的な広がりを見せており，この携帯端末分野では成功していると言える。ちなみに，iPhone と iPod touch の違いは電話機能やカメラ機能の有無程度である。

このような携帯端末は日常持ち歩くものであり，コモディティ化した商品とも考えられるが，そのようなイメージがあるなかで際立って成功している理由に，顧客の感性や経験に訴えかける商品デザインが施されていることがあると思われる。そういった意味で，事例として有用であると考えられるため，ここ

で事例分析を試みることにする。

　「iPhone/iPod touch」のデザインは，丸みを帯びた流線形の外観をしており，裏面の金属的な光沢とApple社のトレードマークであるリンゴのロゴ，利用画面の整然としたユーザーインターフェース，その画面に並ぶさまざまにデザインされたアイコンなどによって本能的な部分が刺激され，Appleの製品だと認識できる独特なフォルムとロゴによる識別性を有し，単純な携帯端末ツール以上の贅沢感を感じるようになる。

　また，独特な外観の他に，必要なアイコンの選択や文章入力，操作などをすべて顧客の指だけで，簡単にイメージして使えるユーザーインターフェース機能や，人間がストレスなく使える工夫がなされているシステム処理機構などによって，利用者の行動的な部分が刺激されている。それが，思わず持ち歩きたくなる行動を促し，お洒落でありながら最新の情報技術で実現された商品であると認識する。また，必要なアプリケーションを自由自在に登録することで，自分なりの携帯端末を持つことができ，そのカスタマイズ性による満足感と，常に所有していることへの愛情が生まれる。

　そして，使いやすいユーザーインターフェースや処理スピードを実現するハードウェア技術，多くのアプリケーションを利用できるソフトウェア技術，どこでも活用できるネットワーク技術など，最新の情報技術が駆使されているという新たな認識と，どのような技術が使われ，どうやってこれだけの小さい筐体にまとめているかという興味が沸き起こる。それが，利用者の知的好奇心を呼び起こして，「素晴らしい・すごい」という驚嘆と「理解できた・最先端を知っている」という知的な喜びを誘起する。

　前述した考察から，「iPhone/iPod touch」の利用者から創造される経験価値を考えてみると，SENSEは，独特な丸みを帯びたフォルムとリンゴのロゴによる識別性，思わず持ち歩きたくなるような衝動によって，顧客の五感に訴えかけており，とくに視覚的に際立ったリンゴのロゴによる識別性とフォルムの審美性が強調された経験を創造する。FEELは，所有することによる贅沢感や愛情，自分の思いどおりにカスタマイズできる満足感と，最先端の技術に触れる喜びや驚嘆という経験を創造する。THINKは，他社とはまったく異なるデザインによって「他とはまったく違う携帯端末」という理解を与え，その中身は最新の情報技術が駆使されて実現されていることへの知的好奇心を生み出す

という経験を創造する。

そして，ACT は，自分用にカスタマイズされた端末を自由自在に使いこなしたいという気持ちと合わせて，つい持ち歩きたくなる衝動に駆られる行動変化を起こす。また，ビジネスやプライベートでも情報携帯端末として活用ができ，普段の行動に影響を及ぼすと考えられ，顧客における日常の行動変化を起こすという経験を創造している。最後に RELATE は，iTunes のようなツールを利用して，音楽や映像，アプリケーションなどをインターネット経由で使うことができ，利用できるコンテンツの評価やコメントなどのブログによって，利用ユーザーのつながり感が生まれる。そして，そのつながり感によって，携帯端末の上手な使い方や斬新なアイデアなどを利用者同士で情報交換をすることで，同じような悩みや相談事のつながりが発生し，利用者の間で共有感を持つという経験を創造する。

以上のように，ある程度コモディティ化され，差別化が難しい携帯端末というカテゴリーのなかで「iPhone/iPod touch」という事例分析を試みた結果，復活を果たした Apple のヒット商品についても，商品・サービスにおけるエモーショナルデザインが感性の情報処理プロセスの過程を経て顧客の経験が生み出され，経験価値という顧客価値が創造されることが検証できたと考えられる。

3つの事例分析を通して，顧客の経験は，商品やサービスからの刺激によって創造されるということであり，その刺激が商品・サービスへの設計として埋め込まれたエモーショナルデザインであることが示された。それはあくまでも「顧客が経験する」という視点の話であり，その経験が顧客にとって価値があるかどうかは別の課題と言えるだろう。本研究で挙げた事例は，基本的に顧客は経験したことに価値を見いだしている場合を選んでいる。

また，今回の事例分析は主に欧米の商品サービスに特化した形となったが，基本的には日本の商品・サービスにも適用できるものと考えているため，この点についても今後の課題として捉えていく予定である。

2.5 商品デザインにおけるデザインプロセスの考察

商品・サービスをデザインする上で重要なのは，実際の顧客がどのように消費・利用するかという"利用シーン"を想定することである。この利用シーン

の想定で，マーケティング戦略目標として顧客の経験をイメージ・デザインし，その利用シーンを実現・体現させるための商品・サービスを設計・開発する指針としてエモーショナルデザインを活用するという商品デザインプロセスを考えることができる。

また，アンケートなどにより得られた顧客情報に基づき要求品質を展開する手法として品質機能展開（QFD）があり，そのなかでシーン展開法が述べられている。これは，5W1H の視点で顧客がどのような使い方をするかといった利用場面を想定し，顧客の要求を考えながら商品・サービスを設計・開発するために使う。シーン想定の視点は「使われ方」に焦点が置かれ機能便益的であり，顧客がどのような経験をするかという視点は含まれていないと考えられる。そのため，シーン想定の視点として機能便益から顧客の経験に拡張した「品質経験展開」なる手法を考えることが可能であり，この点についても今後の研究課題として捉えていく予定である。

2.6　おわりに

本章では，顧客の経験に対する理論を整理し，各理論の中心的ポジションならびに関係性を考察し，映画サービス・自動車・携帯端末の 3 事例を通して分析を試みた。以上の考察・事例分析から，エモーショナルデザインの考え方と方法を適用した商品・サービスは，顧客の刺激（消費行動）の原因として位置付けられ，それにより，顧客の感性に対する情報処理プロセスの過程を経ることで，顧客の経験が創造され，顧客が「経験する」ということが検証できた。

顧客の経験という操作・制御が難しいと言われている事象に対して，「この商品・サービスによって，顧客にどのような経験をしてほしいか」という顧客の経験を目標化し，本章で考察したプロセスの逆プロセス（顧客の経験を目標化→感性の情報処理を検討→実現するためのデザインを検討）によって商品・サービスをデザインする方法が考えられる。このようなデザインプロセスによって，顧客の経験を意図した商品デザインを実施することができるようになる。これは商品デザインの新たな方法論と考えることができ，著者はこれを「顧客経験デザイン（Customer Experiential Design）」と定義し，本研究のオリジナリティでもある。

以上のように，本章では顧客の経験を軸に商品・サービスのデザインプロセスについて考察・事例分析を行った．これにより，制御や操作が難しいとされている顧客の経験を顕在化（顧客の経験自体をデザイン）させ，想定する顧客に対して，経験を実現するための商品デザインを実施することができるようになる．また，本研究は，顧客の経験自体にフォーカスを当てた商品デザインやデザインプロセス，関連する研究やビジネスに新たな示唆を与える．

参考文献

[1] Holbrook, Morris B. : The Experiantial Aspects of Consumption —Consumer Fantasies, Feelings, and Fun, Journal of Consumer Research, Vol.9, No.2（1982），pp.132-140

[2] Lindsey, P. H., and Norman, D.A. : Human Information Processing —An Introduction to Psychology 2nd ed, (1977), Academic Press, New York（中溝幸夫・篠田裕司・近藤倫明共訳（1983）『情報処理心理学入門I』サイエンス社）

[3] Norman, Donald A. : Emotional Design —Why we love (or hate) everyday things, (2004), Basic Books（岡本明・安村通晃・伊賀聡一郎・上野晶子共訳（2004）『エモーショナル・デザイン ―微笑を誘うモノたちのために―』新曜社）

[4] Ortony, A., Norman, D. A., and Revelle, W. : Who needs emotion? —The brain meets the machine, (2004), Oxford University Press, New York

[5] Schmitt, Bernd H. : Experiential Marketing —How to Get Customers to Sense, Feel, Think, Act, and Relate to Your Company and Brands, (1999), Free Press（嶋村和恵・広瀬盛一共訳（2000）『経験価値マーケティング ―消費者が「何か」を感じるプラスαの魅力―』ダイヤモンド社）

[6] 入澤裕介・長沢伸也：商品開発における商品デザインと感性価値の考察 ―経験価値・感性・エモーショナルデザインの関係性―，Design シンポジウム 2012 講演論文集（2012），pp.361-367, 日本建築学会・日本機械学会・日本デザイン学会

[7] 神田範明編著，大藤正・長沢伸也・岡本眞一・丸山一彦・今野勤共著：ヒットを生む商品企画七つ道具 ―よくわかる編―，(2000), 日科技連出版社

[8] 菊池司（工藤芳彰, 岡崎章, 木嶋彰, 古屋繁）：デザイン領域の新たなる広がりとしての Experience Design ―「モノ」から「コト」，そして「Experience」へ広がるデザイン領域―，芸術科学会論文誌, Vol.3, No.1（2004），pp.35-44

[9] 長沢伸也編著, 日本感性工学会感性商品研究部会共著：感をめぐる商品開発 ―その方法と実際―，(2002), 日本出版サービス

[10] 長沢伸也編著, 早稲田大学ビジネススクール長沢研究室（山本太朗・吉田政彦・入澤裕介・山本典弘・榎新二）共著：ヒットを生む経験価値創造, (2005), 日科技連出版社

[11] 長沢伸也編著, 山本典弘・藤原亨共著：経験価値ものづくり ―ブランド価値とヒットを生む「こと」づくり―, (2007), 日科技連出版社

[12] 日本インダストリアルデザイナー協会編：プロダクトデザイン ―商品開発に関わるすべての人へ―, (2009), ワークスコーポレーション

[13] 山本典弘（長沢伸也）：京唐紙「唐長」にみる伝統と革新 ―究極のしつらいと経験価値―，日本感性工学会論文誌, Vol.8, No.3（2009），pp.767-774

第3章 スポーツ消費経験における感動の評価

3.1 はじめに

　2015年ラグビーワールドカップの対南アフリカ戦の勝利，または2018 FIFAワールドカップロシア大会における日本代表の活躍は，日本のみならず世界を驚かせ，人々に少なからぬ感動をもたらした。2019年にはラグビーワールドカップ，2020年は東京オリンピック・パラリンピックの日本開催が予定されており，新たな興奮と感動が生まれることが期待される。筆者が専門とするスポーツ消費者行動研究は，スポーツ消費者を対象としてその消費行動を分析し，スポーツ消費の活性化につながる要因や因果関係を検証する研究分野である。本稿では，スポーツ消費の特徴を解説しつつ，スポーツ消費経験のうちスポーツ観戦で喚起される感情に着目し，なかでも「感動」に焦点を当てる。具体的には，スポーツ消費経験で喚起されるさまざまな感情の評価や，感動喚起の先行要因および結果要因について，実証研究の結果を交えて解説していく。

3.1.1 なぜ，スポーツ消費は人の心を動かすのか？

　スポーツ消費経験とは，おもにスポーツ観戦といった「みるスポーツ」と，マラソン大会への参加といった「するスポーツ」に関連した消費が該当するとされているが[1]，本稿ではそのうちスポーツ観戦を取り上げる。スポーツ観戦と感動はよく用いられるフレーズであるが，スポーツ観戦が見る者の心を動かすのは，スポーツ観戦に内在する構造的特性によるものが大きい。たとえば，「結果の不確実性（Uncertainty）」はその特徴の一つであり，スポーツ観戦において欠かせない要素である。より具体的には，応援しているチームや選手のパフォーマンスの結果が予測できないことが不確実性に該当する。結果が予測できないと観衆の心理的覚醒が誘発され，緊張状態に陥る。その後ゴールが決まったり試合が終了した際，我々はこの緊張状態から解放され，その結果が自らにとってポジティブである場合は「喜び」や「安堵」といった感情が喚起さ

れ，ネガティブな場合は「落胆」や「怒り」が喚起される[2]．重要な点は，結果がどちらに転ぶかがわからないことから生じる心理的覚醒（ドキドキ感）であり，それが生（ライブ）でのスポーツ観戦の需要の高さにつながる．結果の不確実性はマネジメントの観点からするとコントロールが及ばない悩ましい特徴ではあるが，それこそが他のサービス産業との違いを生み出す源泉ともいえる[2]．また，他チーム・選手との競争（対立構造）は，地域や出身校，国などに対する自らの帰属意識を刺激することにつながり，それがスポーツファンの「心理的愛着の強さ」を誘発・形成する．スポーツチームや選手が観客の帰属意識を刺激するのはスポーツの「象徴性」とも表現され[3]，これらの要素が複合的に絡み合うことでスポーツと感情の密接な関係性が生まれる．

3.1.2 感動とは？

　感動とはよく聞く言葉であるが，実は感動に特化した研究は極めて少ない．海外においては，感動に関連する概念としてディライト（Delight）に着目した研究が行われており，主に小売業やサービス業におけるマーケティング研究で取り上げられている[4]．感動は一般に，「ある物事に深い感銘または，強い共感を受けて強く心を動かされること」（大辞泉）と定義されている．戸梶[5]は，感動とは「非常に強い感情で驚きや喜びといった複数の感情を伴い，画期的でまれな場面で生起される」としている．感動の他に，歓喜や感激といった類似の表現があるが，感動の特徴は「効果の持続性」や複数の感情を内包する「多様性」にある[6]．たとえば，人には忘れられない印象的な経験（Memorable Experience）が存在するが，そこには感動体験が関連している可能性が高い（持続性）．また，感動は単にポジティブな出来事だけでなく，ネガティブな出来事でも生起される場合がある（多様性）．たとえば，感動的な映画ではヒーローやヒロインが死や別れを経験するといったネガティブな出来事が含まれることもあるが，そこにも感動は生まれる．これらが「効果の持続性」や「多様性」に相当する．

3.1.3 感動のメリット

ビジネス上において人々を感動させることのメリットは，購買意図・行動といったロイヤルティ変数を誘発できることにある．たとえば，メルセデスベンツ（Mercedes-Benz USA）の報告によれば，自社の販売店のサービスに対して不満を持った顧客は，同じ販売店から購入またはリースする確率は10％，単に満足した顧客は29％であったのに対し，感動した顧客は86％の確率で再購買またはリースしたとしている[7]．顧客を感動させた場合に期待されるポジティブな口コミ[8]や，顧客に喜ばれることによる職務満足を通じたワークエンゲージメントの向上なども挙げられる[9]．サービスや商品のコモディティ化が進んだ昨今においては，顧客の感動は多くのビジネスにおいてキーワードの一つになっており，とくに感情的経験との親和性が極めて高いスポーツ消費において感動は重要な要素となる．

3.2 スポーツ消費経験の感情評価と感動のメカニズム検証

以下では，主に3つの実証研究を紹介する．1つ目は，2013年に開催されたFIFA Confederations Cupにおける日本代表戦の予選リーグ3試合を通じた観戦者の感情を評価したものである[10]．表3.1は調査概要を示している．

表 3.1 研究概要（研究 -1）

調査対象	男子大学生 105 名（ブラジル戦 40 名，イタリア戦 34 名，メキシコ戦 31 名）
調査方法	質問紙調査（試合終了10分後に記入式の調査を実施）
質問項目	消費者感情項目 15 因子 35 項目 [10]
分析方法	一元配置分散分析および多重比較
試合結果	① 日本 vs. ブラジル　0-3（敗北） ② 日本 vs. イタリア　3-4（敗北） ③ 日本 vs. メキシコ　1-2（敗北）

3.2.1 研究-1：サッカー観戦における感情評価

表 3.2 からわかるのは，不快感情（左列）においては，ブラジル戦（vs. BRA）およびメキシコ戦（vs. MEX）において値が高くなっており，快感情（右列）においてはイタリア戦（vs. ITA）が他の 2 試合に比べて高い値を示している。興味深い点としては，すべての試合において日本代表は敗北しているにもかかわらず，試合ごとに値が異なっていることである。すなわち，試合の結果のみ

表 3.2 試合終了後の快・不快感情における 3 試合間の差の検証

因子	対戦相手	試合後（標準偏差）	F	因子	対戦相手	試合後（標準偏差）	F
怒り	vs. BRA vs. ITA vs. MEX	2.08 (1.18) 2.43 (1.61) 2.84 (1.59)	2.51	誇り	vs. BRA vs. ITA vs. MEX	1.58 (0.88) 3.38 (1.45) 1.53 (0.96)	31.57***
不安	vs. BRA vs. ITA vs. MEX	1.89 (1.20) 1.49 (0.91) 2.40 (1.57)	3.33*	平静	vs. BRA vs. ITA vs. MEX	1.45 (0.65) 2.23 (1.30) 1.45 (0.74)	9.13***
悲しみ	vs. BRA vs. ITA vs. MEX	1.99 (1.08) 2.57 (1.25) 2.53 (1.43)	2.68	喜び	vs. BRA vs. ITA vs. MEX	1.52 (0.76) 3.15 (1.43) 1.61 (0.86)	30.68***
恥	vs. BRA vs. ITA vs. MEX	1.62 (0.81) 1.63 (0.72) 1.76 (0.92)	0.21	興奮	vs. BRA vs. ITA vs. MEX	3.28 (1.38) 5.28 (1.27) 3.35 (1.53)	23.49***
孤独	vs. BRA vs. ITA vs. MEX	1.78 (1.00) 1.32 (0.56) 1.35 (0.66)	4.33*	驚き	vs. BRA vs. ITA vs. MEX	3.65 (1.68) 5.51 (1.10) 2.63 (1.41)	31.39***
激怒	vs. BRA vs. ITA vs. MEX	1.45 (0.85) 1.45 (0.98) 2.11 (1.40)	4.12*	感動	vs. BRA vs. ITA vs. MEX	2.12 (1.22) 4.07 (1.71) 2.15 (1.04)	22.95***
失望	vs. BRA vs. ITA vs. MEX	2.86 (1.53) 3.16 (1.40) 3.40 (1.80)	0.93	活力に満ちた	vs. BRA vs. ITA vs. MEX	1.99 (1.07) 3.85 (1.78) 1.95 (1.29)	21.51***

注）BRA＝ブラジル，ITA＝イタリア，MEX＝メキシコ
$*p < .05$，$***p < .001$
F 値：3 グループ間以上で比較をする分散分析の検定統計量の値であり，数値が大きいほどグループ間で何らかの変動が起きたことを示す。
p 値：統計的指標における有意確率のことを示しており，通常 .05 〜 .001 の値を統計的に有意とみなす。有意であるとは，「確率的に，偶然とは考えにくい」ことを表す。

ならず，試合内容によってスポーツ観戦者の感情表出の質（正or負）や強さに違いが出るということが示唆されている．

表 3.3 は試合の内容が事前の期待を上回っていたのかを期待不一致理論[*1]に基づいて検証した結果である．試合の内容が事前に抱いていた期待を上回った場合（正の期待不一致）は快感情が強く表出され（右列），期待を下回った場合（負の期待不一致）は不快感情が強く表出されることとなった（左列）．本結果から示唆されるのは，スポーツ観戦における感情喚起の要因は，応援チームの勝敗に加えて，試合内容も同時に影響を及ぼすという点である．実際に，快感情の評価が高かったイタリア戦は，強豪相手に 3–4 という接戦を演じたことから，試合には負けたものの事前の期待を上回った影響が見て取れる．

表 3.3 正および負の期待不一致による快・不快感情の差の検定

		負の期待不一致 ($n=38$)	正の期待不一致 ($n=51$)	t-value
不快感情	怒り	3.00 (1.61)	2.15 (1.42)	2.65
	不安	2.45 (1.61)	1.46 (0.85)	3.45**
	悲しみ	2.42 (1.24)	2.36 (1.29)	0.21
	恥	1.90 (0.99)	1.52 (0.69)	2.03*
	孤独	1.74 (0.97)	1.36 (0.69)	2.03*
	激怒	2.13 (1.41)	1.36 (0.86)	2.97**
	失望	3.71 (1.70)	2.80 (1.39)	2.69*
快感情	誇り	1.29 (0.49)	2.89 (1.56)	6.91***
	平静	1.32 (0.63)	1.95 (1.20)	3.25*
	喜び	1.23 (0.41)	2.71 (1.43)	7.06***
	興奮	3.16 (1.35)	4.83 (1.49)	5.45***
	驚き	3.03 (1.68)	5.00 (1.51)	5.84***
	感動	1.81 (1.02)	3.67 (1.67)	6.49***
	活力に満ちた	1.68 (1.04)	3.37 (1.75)	5.67***

$*p<.05$, $**p<.01$, $***p<.001$

このように，スポーツ観戦では正と負の両面において多様な感情が喚起されるが，これらの評価には主に質問紙調査が用いられてきており，調査項目には

[*1] ある製品やサービスについて顧客が事前に期待していた水準と，実際に知覚した水準の差によって，顧客満足に対する水準が決まるとする理論[4]．

消費者行動研究で用いられる質問項目が使用されてきた。参考までに，表 3.4 に筆者が使用した質問項目を提示する。この尺度は，消費者行動研究で用いられてきた CES（Consumption Emotion Set[11]）をスポーツ観戦行動に適するよう改善した尺度である[10]。

表 3.4　消費者感情項目

不快感情 Negative emotions	快感情 Positive emotions
怒り（Anger）（$a = .86$） 　Frustrated 　Angry	誇り（Pride）（$a = .72$） 　Pride 　Glory
不安（Anxiety）（$a = .84$） 　Nervous 　Worried	平静（Peacefulness）（$a = .81$） 　Calm 　Peaceful 　Relieved
悲しみ（Sadness）（$a = .51$） 　Depressed 　Sad	喜び（Joy）（$a = .86$） 　Happy 　Joyful 　Pleased
恥（Shame）（$a = .54$） 　Embarrassed 　Ashamed 　Humiliated	興奮（Excitement）（$a = .85$） 　Excited 　Enthused 　Stimulated
孤独（Loneliness）（$a = .55$） 　Lonely 　Homesick	驚き（Surprise）（$a = .93$） 　Astonished 　Surprised
激怒（Outrage）（$a = .94$） 　Rage 　Outrage	感動（Delight）（$a = .90$） 　Delighted 　Gleeful 　Elated
失望（Disappointment）（$a = .79$） 　Discouraged 　Disappointed	活力に満ちた（Encouragement）（$a = .86$） 　Invigorated 　Encouraged

次に挙げる研究は本稿のテーマである感動に絞った研究成果であり，顧客感動・満足モデルを用いた感動のメカニズムの検証である。

3.2.2 研究-2：顧客感動・満足モデルの検証

　顧客感動・満足モデルとは，顧客満足を含めた因果モデルであり[12]，その先行要因から結果要因を包括的に検証できる。感動の先行要因としては，サプライズ消費感情（驚き）や覚醒（ドキドキ感），そして快感情（嬉しい・楽しい）であり，感動した結果としてポジティブな口コミ意図や再購買意図（ここでは再観戦意図）といったロイヤルティ変数につながることを仮定している。本モデルをJリーグ観戦者を対象に検証した結果[13]を図3.1に示す（方法は表3.5参照）。

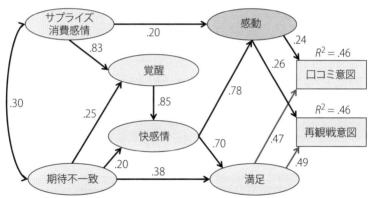

X^2/df = 2.56, CFI = .946, RMSEA = .079

注）R^2：説明変数（感動他）が目的変数（口コミ，再観戦意図）を説明する度合いのことを指し，.46の場合46％が説明変数によって説明されていることを示す。
X^2/df, CFI, RMSEA：それぞれ，作成した因果関係モデルのあてはまりの度合いを示す指標であり，すべての指標においてモデルのあてはまりは良好であることを示している。

図3.1　顧客感動・満足モデルの検証結果

　図3.1によれば，感動の先行要因としてはサプライズ消費感情（驚き）と快感情（嬉しい・楽しい）が有意な影響を与えており，ポジティブな期待不一致や覚醒（興奮）は感動に間接的に影響を及ぼしている。また，感動に比べて満足

表3.5　研究概要（研究-2）

調査対象	Jリーグ観戦者254名
調査方法	質問紙調査（試合開始前）
質問項目	感動・満足モデル項目[12]
分析方法	構造方程式モデリング

のほうがロイヤルティ変数に強い影響を及ぼしており，快感情は感動と満足双方に強い影響力を持つ。すなわち，「快感情」が感動・満足の起点として鍵を握っており，いかにしてスタジアムで観戦者に楽しい思いをさせるかが極めて重要になる。覚醒や期待不一致は快感情を喚起させるうえで直接的な役割を果たしており，とくに覚醒は快感情を喚起する要因としての働きが強い。

一方，これらの因果関係に「応援チームの勝敗」「性別」「応援チームに対する知識の差」といった調整変数を導入した結果を表したものが図 3.2 である。

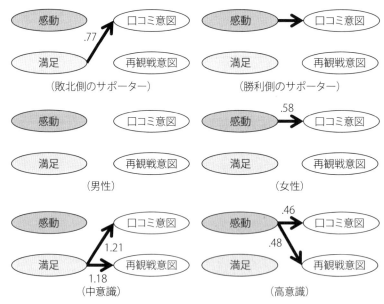

※矢印は，感動と満足の間に統計的な差が認められたものである
※数値は非標準化係数を算出している

図 3.2 調整変数の投入がロイヤルティ変数に及ぼす影響

感動や満足がもたらす効果に着目すると，「応援チームが勝利」したサポーターについては，敗北したチームに比べて感動が口コミ意図に及ぼす影響が強くなることがわかる。また，「女性」は男性に比べて感動した場合に口コミ意図が有意に高くなる傾向を示し，「応援チームに対する知識が多い」グループのほうがそうでないグループに比べて感動からロイヤルティ変数に与える影響

が強くなることが示されている．すなわち，応援チームが勝利することや，女性であること，応援チームへの知識が多いといった調整変数が加わることで，感動が持つ影響力は強くなることがわかる．

　また，同モデルを用いた検証は，ツーリズムやサービスマネジメント・マーケティング分野でも適用されているが，興味深い点として，満足よりも感動がロイヤルティ変数に強い影響を与えた結果が示されているのはスポーツ観戦においてのみであり（図 3.3），スポーツ観戦と感動の親和性の高さを示唆している[6]．

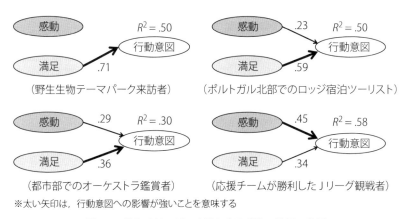

図 3.3　異なるサービス産業による感動・満足の効果

3.2.3　研究-3：スポーツ観戦における感動場面の分類

　最後に紹介する研究結果はスポーツ観戦者がどのような場面で感動し，応援チームの勝敗によってその影響がどのように異なるのかを検証した結果である[6]．表 3.6 に方法論を示す．スポーツ観戦において具体的に感動する場面を収集し（$n = 1322$），統計的手法によって感動場面を分類して，各因子の定義を行った（表 3.7 参照）．主に，試合結果や選手，チームのプレーに関連する感動が挙げられているが（たとえば，ドラマ的展開や卓越したプレー），他のサポーターと一体となって応援することによって得られる感動の「共鳴・一体感」や，美しいスタジアムや優れたスタッフサービスに該当する「付加的要素」

なども感動の起点となっている。

表 3.6 研究概要

調査対象	Jリーグ観戦者 1322 名（男性 869 名，女性 453 名） bj リーグ観戦者 299 名（男性 163 名，女性 136 名） 大学生（男性 75 名，女性 45 名）
調査方法	質問紙調査
分析方法	確認的因子分析，信頼性係数算出，重回帰分析

表 3.7 感動場面尺度 8 因子[14]

因子名	定義
① 共鳴・一体感場面	他の観客の熱狂的な応援を見たり，自分が一緒になって応援することで，他の観客に共鳴したり一体感を感じること
② スタジアムライブ観戦場面	自分が好きな選手や有名な選手を，スタジアムで生観戦すること
③ ドラマ的展開場面	自分が応援しているチームが，劇的な展開により勝利すること
④ 卓越したプレー場面	選手の個人技術やチーム連携がとても優れていること
⑤ 劣勢からの活躍場面	選手が何らかの劣勢の立場から，それを乗り越えて活躍すること
⑥ 懸命な姿場面	選手やチームが試合終了まで必死に頑張ること
⑦ ヒューマニティ場面	選手が人間としての豊かな情緒を感じさせること
⑧ 付加的要素場面	美しく壮大なスタジアムを見たり，優れたスタッフサービスを受けること

図 3.4 は応援チームの勝敗によって，感動の場面（起点）が異なるのかを検証した結果であるが，応援チームの勝敗に関係なく感動の起点となる場面として挙げられるのが「共鳴・一体感」である。サッカーワールドカップ期間中に，パブリックビューイングを通じて他の観客と観戦を楽しむのは，勝敗にかかわらず他の観客との「共鳴・一体感」を通じた感動を目的としていることが読み取れる。すなわち「共鳴・一体感」を誘うような仕掛けや仕組みづくりは，応援チームの勝敗にかかわらず感動の観点から重要となるのである。

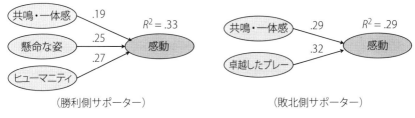

図 3.4 応援チームの勝敗によって異なる感動の起点

3.2.4 驚きを伴う感動と予定調和の感動

ここで感動喚起に関して参考となる2種類の感動の存在を紹介する。「驚きを伴う感動」と「予定調和の感動」である[6]。たとえば，友人や恋人からサプライズギフトを贈られた際に生じる感動は，驚きと喜びの感情を伴っており，「驚きを伴う感動」と呼ぶ。サッカー観戦において，予想を覆す勝利や終了間際の逆転勝ちなども同様の感動になるだろう。

一方で，たとえば何回見ても泣いてしまう映画の存在や，パターンが読めるような展開のドラマでもつい感動して泣いてしまう，といった経験から生じる感動が「予定調和の感動」である。たとえば，表3.6のなかであれば「①共鳴・一体感」「②スタジアムライブ観戦」「⑥懸命な姿」「⑧付加的要素」などは予定調和の感動に該当するかもしれない。すなわち，これらの経験は，何か特別な出来事が起きているのではなく，毎回（もしくは頻繁に）経験することが可能な感動経験である。

マネジメントの視点から考えると，「驚きを伴う感動」に比べて，「予定調和の感動」のほうが「再現性」の点で優れている。すなわち，驚きをつくり出すには相応のコスト（時間・お金・労力）が必要となるが，予定調和の感動の場合，感動の起点を把握することができれば，何度でも感動を再現できるからである。経験とは主観的なもので，個人によって異なることは想定されるが，普遍的で共通の感動の起点を把握することは，消費者行動研究やサービス工学などの分野においても重要といえるだろう。

3.3　おわりに

　本稿では，スポーツ消費のうちスポーツ観戦で喚起されるさまざまな感情や感動に着目した研究を紹介してきたが，今後の展望として他の研究手法を用いた感動経験の分析が望まれる。近年では，テクノロジーの発達により心拍数やfMRIなどを用いて生理的な指標の分析を通じた消費者行動研究が行われており，スポーツマネジメント分野においてもその応用が期待される。たとえば，北海道日本ハムファイターズと産業総合研究所は心拍系などを用いた野球観戦体験の経験評価を試みていたり，ドイツのケルン体育大学（German Sport University）は，Eye-trackingシステムを用いて視聴者の視線を分析し，試合をテレビ観戦中にどの程度視聴者が画面内の広告看板を見ているかの分析を行ったりしている（図3.5，図3.6）。

図3.5　Eye-trackingシステムを備えたヘルメット

図3.6　実際の分析画面（選手の隣にある点が視点）

　顔認識システムを用いた顧客感動や観戦満足を評価するシステムも今後は導入されるだろうし，スポーツ観戦者で行ってきた感動評価をスポーツ参加者に適用していくことも今後の課題となる。近年，マラソン大会やサイクリング大会などを中心とした参加型スポーツが隆盛を極めており，スポーツ参加者の感動経験は研究の対象として発展の余地がある。また，「経験」という概念に着目すると，経験とは3つのフェーズに分かれており，消費前，消費中，そして消費後の経験を総体的に捉えたものとされる[15]。図3.7は消費経験を示したものであるが，質問紙を中心とした調査手法では，Phase 1やPhase 3におけ

る認知的な部分を中心とした調査が可能となる一方で，潜在的な意識の評価やPhase 2といったライブ経験の評価が課題となる．こうした点を生理指標や表情分析などを組み合わせることで包括的な経験評価が可能となり，スポーツ消費者の理解がさらに深まっていくことが期待される．

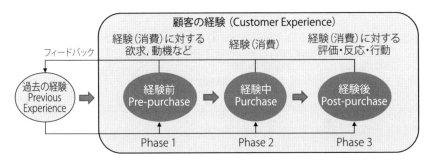

図 3.7 顧客経験の一連の流れ（Lemon & Verhoef (2016)[16]をもとに作成）

参考文献

[1] 松岡宏高：スポーツマネジメントの概念の再検討，スポーツマネジメント研究，2，1，33–45, 2010
[2] 押見大地：スポーツ観戦と感情（コラム執筆）．「スポーツマーケティング改訂版」（共著），原田宗彦・藤本淳也・松岡宏高編著，大修館書店，71–74, 2018
[3] Heere, B., James, J.D. : Sports teams and their communities : Examining the influence of external group identities on team identity. Journal of Sport Management, 21, 319–337, 2007
[4] Oliver, R.L. Satisfaction : A behavioral perspective on the consumer (2nd ed.). M.E. Sharpe : NY, 2010
[5] 戸梶亜紀彦：感動喚起のメカニズムについて，認知科学，8, 360–368, 2001
[6] 押見大地，原田宗彦，福原崇之：心理学から見たJリーグファン，「Jリーグマーケティングの基礎知識」，創文企画，23–74, 2013
[7] Keiningham, T.L., Vavra, T.G. : The customer delight principle : Exceeding customers' expectation for bottom-line success. McGraw-Hill, NY, 2001
[8] Torres, E., Kline, S. : From satisfaction to delight : A model for the hotel industry. International Journal of Contemporary Hospitality Management, 18, 290–301, 2006
[9] Barnes, D.C., Collier, J.D., Robinson, S. : Customer delight and work engagement, Journal of Services Marketing, 28, 5, 380–390, 2014
[10] Oshimi, D., Harada, M., Fukuhara, T. : Spectators' emotions during live sporting events : Analysis of spectators after the loss of the supported team at the 2013 FIFA Confederations Cup. Football Science, 11, 48–58, 2014

［11］Richins, M. : Measuring Emotions in the Consumption Experience. Journal of Consumer Research, 24, 127-146, 1997
［12］Oliver, R.L., Rust, R.T., Varki, S. : Customer delight : Foundations, findings, and managerial insight. Journal of Retailing, 73, 311-336, 1997
［13］押見大地, 原田宗彦：スポーツ観戦における感動：顧客感動・満足モデルおよび調整変数の検討, スポーツマネジメント研究, 5, 19-40, 2013
［14］押見大地, 原田宗彦：スポーツ観戦における感動場面尺度．スポーツマネジメント研究, 2, 163-178, 2010
［15］Otieno, R., Harrow, C., Lea-Greenwood, G. : The unhappy shopper, a retail experience : Exploring fashion, fit and affordability. International Journal of Retail & Distribution Management, 33, 4, 298-309, 2005
［16］Lemon, K.L., Verhoef, P.C. : Understanding customer experience throughout the customer journey. Journal of Marketing, 80, 69-96, 2016

第2部

デザイン

第4章　商品開発におけるデザイン・デザイナーと知財
　　　　山本典弘（鈴木正次特許事務所）
　　　　日本感性工学会誌第16巻第3号部会特集号「感性商品研究の最前線」所収
　　　　感性商品研究部会第62回研究会で発表

第5章　地域特産品開発におけるパッケージデザイナーへの期待
　　　　中越出（公益社団法人日本パッケージデザイン協会）
　　　　日本感性工学会誌第16巻第3号部会特集号「感性商品研究の最前線」所収
　　　　感性商品研究部会第58回研究会で発表

第4章 商品開発におけるデザイン・デザイナーと知財

4.1 はじめに

　2017年7月から始まった「産業競争力とデザインを考える研究会」(以下,「研究会」とする。経済産業省・特許庁)が2018年5月23日に発表した最終報告「産業競争力の強化に資する今後の意匠制度の在り方」「デザイン経営宣言」(以下,「宣言」とする)が,意匠を扱う知財業界で注目を集めている[1]。その発表直後の5月24日に第9回「日中韓デザインフォーラム」(テーマ「デザイン経営と意匠制度の未来」)で,その宣言の概要が話された。また,同フォーラムでの登壇者は日本・中国・韓国の大手企業の経営幹部や,各国特許庁の意匠担当幹部であったが,参加者は知財関係者が多かったようである。同フォーラムに参加した知財関係者からは「経営陣に聞いてほしかった……」との声も聞かれた。これがデザインをめぐる現状を表していると考える。

　本章では,研究会,宣言の内容を紹介すると共に,商品開発におけるデザインやデザイナー,知財の役割を考察したい。

4.2 産業競争力とデザインを考える研究会

4.2.1 メンバー

　研究会は「施策に先立ち,自由に討論をしてもらう」(関係者談)という性格であり,2017年7月5日の第1回から座長・鷲田祐一氏(一橋大学大学院商学研究科教授)の下で,以下のメンバーで議論された(敬称略)。

　梅澤高明　　A.T. カーニー日本法人会長
　喜多俊之　　(株)喜多俊之デザイン研究所所長
　小林誠　　　デロイト トーマツ ファイナンシャルアドバイザリー(合同)知的
　　　　　　　財産グループ シニアヴァイスプレジデント
　田川欣哉　　(株)Takram 代表取締役 英国ロイヤル・カレッジ・オブ・アート

客員教授
竹本一志　サントリーホールディングス(株)知的財産部長
田中一雄　(株)GK デザイン機構代表取締役社長
永井一史　(株)HAKUHODO DESIGN 代表取締役社長 クリエイティブディレクター
長谷川豊　ソニー(株)クリエイティブセンター センター長
林千晶　　(株)ロフトワーク代表取締役
前田育男　マツダ(株)常務執行役員 デザイン・ブランドスタイル担当

4.2.2　研究会の現状認識

研究会の第 1 回目で配布された「デザインを巡る現状と論点」(以下,「現状と論点」とする)より,経済産業省・特許庁の現状認識をみる[1]。なお,この項は [2] に加筆して構成し直したものである。

(1) 企業におけるさらなる価値創造の必要性

現状と論点では,急速に技術力を高めてきた新興国企業の市場参入や機能に対する顧客ニーズの頭打ちなどによって,2000 年前後から製品の「コモディテ

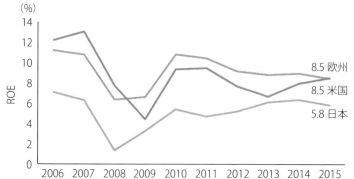

備考：対象企業は上場企業のうち 2006 年から 2015 年のデータが取得できる日本企業 1302 社,アメリカ企業 753 社,ヨーロッパ企業 803 社。各年の中央値。
ROE = 当期純利益 / 自己資本。
資料：SPEEDA（企業分析サービス）を活用して経済産業省作成

図 4.1　世界上場企業（製造業）の ROE 推移（中央値）
出所：経済産業省他『ものづくり白書 2017』[3]

ィ化」が見られるようになり，我が国企業は製品の品質や機能のみでは優位性を確保することが困難となり，熾烈な価格競争を強いられる状況が長年続いているとしており，とくに，いわゆるデジタル家電で顕著に表れている。

また，我が国製造業の低収益性も問題になっており，日本，米国，欧州の製造業に属する上場企業の，収益性を測る指標である ROE（自己資本利益率）を時系列で比較すると，図 4.1 のように，我が国製造業の ROE 水準は常に低く，2015 年では米国および欧州の 8.5％ に対して我が国は 5.8％ となっているなど，かねてより低収益性は我が国製造業における大きな問題の一つとなっているとしている。

(2) デザインによる価値創造

現状と論点では，アップルやダイソンをはじめとする欧米企業の経営層はデザインを重視しており，顧客起点の製品開発を行うとともに，明確な企業理念に裏打ちされた自社独自の強みや技術，イメージをブランドアイデンティティとして，一貫したデザインによって表現し，製品の価値を高め，市場を拡大しているとして，アップルの iPhone，iPad，ダイソンの扇風機を紹介している。

また，デザイン保護の意識が高い欧州企業は，純輸出額が顕著に大きいという調査報告も紹介している。各国の消費者が新製品を購入する際に「価格」に次いで重視するのは，「利便性」「ブランド」「新規性・ビジビリティ」であるとの調査報告もあり（Nielsen Global New Product Innovation Report June 2015：世界的な調査会社であるニールセン・カンパニー合同会社が，アジア太平洋，欧州，北アメリカ，中東，アフリカ，ラテンアメリカ地域の 60 か国 3 万人以上の消費者を対象として，2015 年に実施した新製品イノベーション国際調査の報告書），これらはいずれもデザインと関係が深いものであり，機能・品質以外の価値を創造する手段として，「デザイン」は有効であると考えられると分析している。

(3) 我が国のデザインを巡る状況

現状と論点では，我が国のデザインは，国際デザイン賞において高く評価されており（ワールド・カー・デザイン・オブ・ザ・イヤー 2016 の「Mazda MX-5」，iF デザイン賞（インダストリー・フォーラム・デザイン・ハノーバー

が毎年開催する世界的に定評のあるデザイン賞の一つ）2017 で日本はドイツの 22 個に次ぐ 15 個の金賞を受賞するなど，我が国は優れたデザイナーを擁しているとしている。

　また，「日本人及び主要欧米諸国の外国人がクリエイティブだと感じる国」という調査（調査会社 Strategy One が，日米独英仏の国ごとに 1000 人を対象として 2012 年に実施したインタビュー調査）によれば，全 5 項目で 1 位または 2 位となっており，我が国のクリエイティビティは，外国人から高く評価されているとしている。

　また，公益財団法人日本デザイン振興会「デザインに関する意識調査」（2014 年 12 月）によれば，我が国消費者は，「見た目」「独創性」のみならず，「機能性」「使いやすさ」もデザインに関係していると認識しており，日本が最もデザイン力が優れていると考えているとしている。

　さらに，「平成 23 年度中小企業支援調査／我が国ものづくり産業の競争力の源泉に関する調査報告書」によれば，デザインが市場開拓の成功要因であると考えている我が国企業は少なく，また，マーケティング力や販売力が弱い原因がデザインであると考えている企業も少ないとしている。そこで，我が国企業の多くは，デザインが市場開拓力・販売力を強く左右する要因であることを認識していないと考えられるとし，我が国企業がデザインによって国際競争力を確保するためには，経営層がデザインの重要性を認識し，デザインを活用することが重要なのではないかと結論付けている。

(4) デザイン領域の広がり

　現状と論点では，近年，顧客価値を実現する手段が，IoT，AI，ビッグデータなどの技術革新に伴い変化してきており，顧客起点で事業全体を見直し，バリューチェーン全体を見据えた全体最適化を設計することが重要となっているので，最近では「デザイン思考」が，事業戦略のアプローチとして注目されているとしている。

　なお，2000 年ころから登場している IDEO 社提唱の"デザイン思考"にはデザイナー側からの批判も聞かれ（たとえば [4] [5]），また，数々の修正もされ，結果として「デザイン思考」で語られる中味がわかりにくくなっているように思える。現状と論点では，「デザイン思考」は「デザイナーが得意とする

思考法」としており，一般的に語られている。

　また，「デザイン」の定義について，実際，我々が普段使用する「デザイン」の用語の定義も曖昧であり，ものの姿を対象とするように解釈する場合もあれば，ユーザー体験を含む製品・サービス全体を対象とする場合や，製品やサービスの提供を通じた価値創造をするためのビジネスモデル，エコシステムの設計をも含む場合のように広く捉えることもあり，多種多様に及んでいるとしている。

4.3　デザイン経営宣言

　宣言では「規模の大小を問わず，世界の有力企業が戦略の中心に据えているのがデザインである」が，「日本では経営者がデザインを有効な経営手段と認識しておらず，グローバル競争環境での弱みとなっている」との認識の下，「デザインを活用した経営手法を「デザイン経営」と呼び」それを推進することを提言している。

　そこで，「デザインは，企業が大切にしている価値，それを実現しようとしている意志表現する営みである」「デザインは，人々が気づかないニーズを掘り起こし，事業にしていく営みである」と定義して，「顧客が企業と接点を持つあらゆる体験に，その価値や意志を徹底させ，それが一貫したメッセージとして伝わることで，他の企業では代替できない顧客が思うブランド価値が生まれる」「（デザインにより）供給側の思い込みを排除し，対象に影響を与えないように観察する。そうして気づいた潜在的なニーズを企業の価値と意志に照らし合わせる。誰のために何をしたいのかという原点に立ち返ることで，既存の事業に縛られずに，事業化を構想できる」として

$$\text{「デザイン経営」の効果} = \text{ブランド力向上} + \text{イノベーション力向上}$$
$$= \text{企業競争力の向上}$$

を目指すとしている。

　また，「イノベーションは「技術革新」と翻訳されてきた」「その「技術革新」は研究開発によって，新しい技術を生み出すこと，つまり発明（インベンション）とほぼ同義のように考えられているのではないか」として，「革新的な技

術を開発するだけでイノベーションが起こるのではなく，社会のニーズを利用者視点で見極め，新しい価値に結びつけること，すなわちデザインが介在してはじめてイノベーションが実現する」としている。

　さらに，デザインの投資効果について，「欧米ではデザインへの投資を行う企業パフォーマンスについて研究が行われている。それらはデザインへの投資を行う企業が，高いパフォーマンスを発揮していることを示している。例えば，British Design Council は，デザインに投資すると，その4倍の利益を得られると発表した。また，Design Value Index は，S&P500 全体と比較して過去10年間で 2.1 倍成長したことを明らかにした」と指摘して，「日本の経営者がデザインに積極的に取り組んでいるとは言い難い」と指摘する。

　また，「「デザイン経営」とは，デザインを企業価値向上のための重要な資源として活用する経営である」と定義して，「デザイン経営」と呼ぶための必要条件として

① 経営チームにデザイン責任者がいること
② 事業戦略構築の最上流からデザインが関与すること

をあげている。ここで，「デザイン責任者とは，製品・サービス・事業が顧客起点で考えられているかどうか，又はブランド形成に資するものであるかどうかを判断し，必要な業務プロセスの変更を具体的に構築するスキルを持つ者」をいうとしている。

　続いて，「デザイン経営」のための具体的取り組みとして，「先進的取組事例」（報告書の別冊として発表）も参考にしつつ，以下の 7 点を提示している。

① デザイン責任者（CDO，CCO，CXO など）の経営チームへの参画：デザインを企業戦略の中核に関連付け，デザインについて経営メンバーと密なコミュニケーションを取る。
② 事業戦略・製品・サービス開発の最上流からデザインが参画：デザイナーが最上流から計画に参加する。
③ 「デザイン経営」の推進組織の設置：組織図の重要な位置にデザイン部門を位置付け，社内横断でデザインを実施する。
④ デザイン手法による顧客の潜在ニーズの発見：観察手法の導入により，

顧客の潜在ニーズを発見する。
⑤ アジャイル型開発プロセスの実施：観察・仮説構築・試作・再仮説構築の反復により，質とスピードの両取りを行う。
⑥ 採用および人材の育成：デザイン人材の採用を強化する。また，ビジネス人材やテクノロジー人材に対するデザイン手法の教育を行うことで，デザインマインドを向上させる。
⑦ デザインの結果指標・プロセス指標の設計を工夫：指標作成の難しいデザインについても，観察可能で長期的な企業価値を向上させるための指標策定を試みる。

最後に宣言では，表 4.1 のように，政策提言を切り口，内容，効果の区分けでまとめている。

表 4.1　政策提言

切り口	内容	効果
情報分析・啓発	1. 情報分析と政策提言 2. 啓発	経営層の意識向上 企業・行政へのデザイン導入の後押し 継続的取り組みの促進
知財	1. 意匠法の改正	保護の拡大 意匠権取得の手続きの改善
人材	1. 高度デザイン人材の育成 2. 海外からの人材獲得	企業の人材需要への対応 海外からの高度人材の迅速な獲得 東京のクリエイティブ都市化推進
財務	1. デザインに対する補助制度の充実・税制の導入	企業の財務面からのデザイン推進意欲醸成
行政の実践	1. 行政におけるデジタルガバメントの実践 2. 有望プロジェクトの発掘	行政サービスの質の向上

出所：経済産業省 HP[1]

今回の研究会は，経済産業省が特許庁と共に取り組んでおり，開発した成果を知財（主に，産業財産権）としてどう経営に生かすかも重要視される。また，多くの具体的な施策を提言しており，さらに 5 年とこれまでない長期にわたって進めるという意気込みは感じる。

4.4 デザイン経営宣言と知財

宣言における政策提言で，知財に関して「デザインの役割が，①ブランド構築のためのデザイン＝企業の持つ哲学・美意識を表現するもの，②イノベーションのためのデザイン＝顧客に内在する潜在的ニーズ，事業の本質的課題を発見，技術と併走し課題解決を行うもの，③製品・サービスのコンセプト，外観，機能性，UI を含む顧客体験の品質を向上させるものとなったことを踏まえ，新技術の特性を活かした新たな製品やサービスのためのデザインや，一貫したコンセプトに基づいた製品群のデザインなど，その保護対象を広げるとともに，手続きの簡素化にも資するよう，意匠法の大幅な改正を目指す」としている。すでに，産業構造審議会知的財産分科会・意匠制度小委員会で議論が進んでいる[6]。

ありきたりではあるが，オープンにして市場を広める部分と，クローズにして他社を寄せ付けない部分を区分けして，クローズ部分ではあらゆる種類の知財（特許権，意匠権，商標権，著作権，不正競争行為規制，守秘ノウハウなど）を総動員して保護を図ることが有効であると考える。また，これは事業の大小を問わず，検討できる内容と考える。

また，開発した商品が売れる条件と産業財産権が取得できる条件とは必ずしも一致していない。しかし，過去の商品群から際立つ特徴のデザインを持つ商品であれば，その際立つ部分は意匠法における意匠登録の条件（新規性，創作容易性）をクリアできる要素となりうると考える。

4.5 デザイン経営宣言の世界を実現するために

4.5.1 宣言以降の動き

特許庁では「デザイン経営宣言」を受け，2018 年 8 月 9 日にデザイン統括責任者を設置し，さらにその下に「デザイン経営プロジェクトチーム」を立ち上げ，まずは庁内から取り組みを開始している（特許庁「ステータスレポート 2019」p.115）。また，経済産業省でも 2018 年 11 月 16 日に高度デザイン人材育成研究会を立ち上げ（同省 web サイト），具体化がスタートしている。

経済産業省では，"デザイン" は重要なテーマの一つで，毎年さまざまな施

策を講じているが，これまでの施策に関しては単発的な傾向が否めない（行政の常ではあるが）．人材育成も含めれば，今回の取り組みの5年は短いとも言え，見直しも含めて，10年程度の継続が必要と考える．たとえば，経済産業省の直近の大きな取り組みとして，2007年から3年間の「感性創造イニシアティブ」があり，「感性価値創造ミュージアム in KOBE」（2009年9月5日〜9月13日）で成果を展示してきた[7]．しかし，ネットを見る限り，残念ながらその後の継続がないように思われる．

宣言自体の内容は，デザイナーの方々の取り組みや，日本感性工学会の研究会などでも取り組んで来た内容そのものであり，目新しさを感じない方々も多いと思われる．「デザイン思考」的な手法はデザイナーの普通の作業であるという点は，研究会に委員として参加された田中氏が自身のレポート（第2回研究会）でも報告している[1]．また，田中氏が理事長を務めるインダストリアルデザイナー協会（JIDA）では，宣言が出た翌日に，会員に対して「画期的な事であり，報告書を見るように」との通知が出されたようであるが，サイト上では未だ何も発信していないので，一歩引いているようにも考えられる．

しかし，このような宣言が出されること自体が，先進的なデザイナーや研究者の間で語られている内容が，一部の企業を除いて，現場では浸透していないという現実を示していると考えられる．これは，研究会の座長を務めた鷲田氏が，著書のなかで「「デザイン思考」を導入すれば経営者がデザインを理解するようになる，と主張するビジネス書も散見されるが，それは正しいと言えないだろう．むしろ大切なことは「デザイン思考」について考察することによって，昨今の日本の経営者がなぜデザインを過度に軽視する傾向に陥っているか，という大きな問題を浮き彫りにすることができたということであろう」[8]と語っていることからも伺える．

宣言の内容を規模の大小を問わず多くの企業に浸透させ，宣言から次の段階に進めることも求められると考える．

4.5.2　デザインの評価

先に言及した鷲田氏の「昨今の日本の経営者がなぜデザインを過度に軽視する傾向に陥っている」[8]という気付きから，経営者が初めてデザインを取り入

れた場合，出来上がったデザインをどう評価するのかという問題に対応しなければならない。

デザインを定量的に評価する手法は昔からさまざま提案されている[9][10]。また，先進的企業ではそれぞれ独自のデザイン評価軸があるであろう。

ここでは，定性的な評価軸として，経験価値マーケティング[11][12]における戦略的経験価値モジュールの5ポイント，SENSE（感覚的経験価値）／FEEL（情緒的経験価値）／THINK（知的経験価値）／ACT（行動的経験価値）／RELATE（関係的経験価値）を提案する。このような経験価値がデザインのなかに盛り込まれているか，このような価値でそのデザインを語ることができるかという視点で検討できると考えられる。

また，先の経済産業省の「感性価値創造ミュージアム」の取り組みの過程で，デザイナーの村田智明氏が提案した感性価値評価ヘキサゴングラフがある。村田氏は当時「「感性価値」という新しい価値感を啓蒙するにあたり，最も困難で重要なことは，好き嫌いという嗜好性に左右されない，だれもが理解できる明確な評価基準を築くことです。まず，商品の感性価値を，定性的に評価できるよう，6つの要素軸を設け，商品がどのカテゴリーで強いメッセージを持っているかを分析します」[13]として，展覧会ではこの6つの要素を六角形のグラフ（ヘキサゴングラフ）に表し，「それぞれの商品が発信しているメッセージを視覚化しました」としている[14]。このグラフは，6つの要素（評価軸）「背景感性価値」「思想的感性価値」「感覚的感性価値」「技術的感性価値」「啓発的感性価値」「創造的感性価値」を正六角形の頂点に配置して，中心からの長さでその量をプロットして，プロットを結んだ内側の六角形で各価値の相対的な関係を表したものである。各価値は，以下のように設定されている[13]。なお，「思想感性価値」は最近の著書では「文化感性価値」に変更されている[14]。

① 背景感性価値：背景情報が購買動機をつくっている。背景に歴史や具体的な人物，地域などの物語がある。
② 文化感性価値（思想感性価値）：文化，哲学，美学的要素を持つ。
③ 感覚感性価値：「一目惚れ」は感性データの瞬時自動分析。かわいさ，かっこよさなど，五感に訴えるメッセージがある。
④ 技術感性価値：技術が感性を呼び覚ます。感性に訴える独自技術がある。

⑤ 啓発感性価値：社会課題への取り組みが共感を呼び，自分や社会を変えるメッセージがある。
⑥ 創造感性価値：発想に共感させられる。新しい提案，発想の転換がある。

このような各価値の量を評価することは難しいが，定性的な内容として表現する基準としては有効であると考える。また，シュミットの戦略的経験価値モジュールと村田氏の感性価値ヘキサゴングラフの評価項目は近似しており，図4.2のような定性的な相関関係があると思われる。

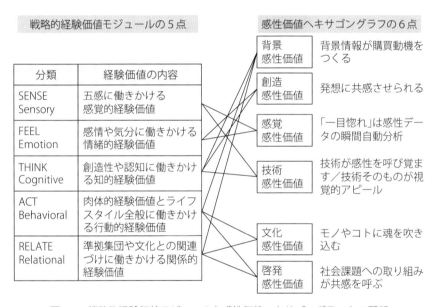

図 4.2　戦略的経験価値モジュールと感性価値ヘキサゴングラフとの関係

4.6　まとめ

このような経済産業省・特許庁の方向性が5年間続き，上記政策提言の予算措置も期待される。このような流れを進めるには，デザイナーの側の動きが重要になろう。この流れを有効に活用することを期待する。

また，普通のデザイナーであれば，なぜそのデザインを採用したのかを明示してデザイン提案をするはずである。経営者の「好き嫌い」ではなく，失敗を繰り返しながらも，ヒットを生む可能性のあるデザインの製品を採用する評価軸をつくってもらいたい。

参考文献

[1] 経済産業省：経済産業省HP「産業競争力とデザインを考える研究会」(2018.5)，http://www.meti.go.jp/press/2018/05/20180523002/20180523002.html（2018.7.30 検索）
[2] 山本典弘：「特許と商標」別冊増刊号，鈴木正次特許事務所（2018），pp.17-21
[3] 経済産業省・厚生労働省・文部科学省編（2017）：「2017年版 ものづくり白書」，経済産業調査会，p.29，図115-2「世界の上場企業（製造業）の ROE 推移（中央値）」
[4] Roberto Verganti，佐藤典司監訳：「デザインドリブン・イノベーション」，同友館（2012）
[5] Roberto Verganti，安西洋之・八重樫文監訳：「突破するデザイン」，日経BP（2017）
[6] 産業構造審議会知的財産分科会・意匠制度小委員会，http://www.jpo.go.jp/shiryou/toushin/shingikai/isyou_seido_menu.htm（2019.2.3 閲覧）
[7] 経済産業省編：「感性価値創造イニシアティブ」，（財）経済産業調査会（2007）
[8] 鷲田祐一：「デザインがイノベーションを伝える」，有斐閣（2014），pp.202-203
[9] 森典彦編：「左脳デザイニング」，海文堂出版（1993）
[10] 井上勝雄編：「デザインと感性」，海文堂出版（2005）
[11] Bernd H Schmitt，嶋村和恵他訳：「経験価値マーケティング」，ダイヤモンド社（2000）
[12] 長沢伸也編：「経験価値ものづくり～ブランド価値とヒットを生む「こと」づくり」，日科技連出版社（2007）
[13] hers design inc.：https://www.hers.co.jp/works/produce/2015112757.php（2018.7.30 閲覧）
[14] 村田智明著：「感性ポテンシャル思考法」，生産性出版（2017）

第5章　地域特産品開発におけるパッケージデザイナーへの期待

5.1　はじめに

　日本パッケージデザイン協会（以下，JPDA）は，1960年に設立され，2013年には公益社団法人に認可された日本で唯一のパッケージデザインに関わる団体である。パッケージデザインの向上・普及および啓発を図りながら，生活文化を豊かにし，産業の発展に寄与することを目的に活動，その成果を社会に向けて発信している。2008年にJPDA内に発足した調査研究委員会は，「環境配慮型パッケージに関する調査」をはじめ，「ユニバーサルデザインとパッケージに関する調査」「ニッポンの特産品・パッケージデザインに関する調査」と徐々に研究テーマを拡大し，その成果は，JPDA公式サイト内の「パッケージデザイン【情報の森】」に掲載し公開している[1]。

　2013年度には，地域特産品とパッケージデザインの開発実態の把握を目的に事業者アンケート調査を実施。あわせて，事業者が取り組む開発事例を収集し，また，調査結果報告会および専門家によるパネルディスカッションを開催した。これらを報告書にまとめ[2]，会員・関係者に配布するほか，概要をJPDAサイトに掲載した[3]。さらに，2015年度には，地域在住のパッケージデザイナーの特産品開発との関わりや活動実態をさぐるためデザイナー調査を実施，同様に報告書の作成・配布[4]，サイト掲載を行った[5]。筆者は，JPDAの理事・委員としてこれら調査に関わってきた。本稿では，調査をとおして明らかになったパッケージデザイナーへの期待と特産品開発のパッケージデザインに求められる事項について概説する。

5.2　2013年度事業者調査

　2013年9月に実施した事業者アンケート調査では，全国の特産品（飲食料品）開発に取り組む事業者（主にメーカー）に調査票を郵送配布（479件），61

件の回答を得た。回答事業者の大半が中小企業で，半数以上は年商 1 億円以下の企業規模であった。主力商品は加工食品が 7 割弱を占めた。企業プロフィールの他の質問事項として，商品開発におけるパッケージデザイン開発の重視度，デザインの依頼先，依頼先への満足度，デザイン料，デザイナーへの期待などを聞いた。調査結果の一部は，その後，デザイン専門誌でも「特産品開発に取り組むメーカーのデザイン開発事情　ネーミングやコピーの開発まで，デザイナーに求めている!?」との見出しで取り上げられた[6]。調査研究委員会では，調査結果の全体的な傾向として「5 つの気づき」として以下のようにまとめた。

5.2.1　事業者調査 5 つの気づき

① パッケージデザインの開発は重視されているものの，「満足のいくパッケージデザインができない」という悩みがある（図 5.1，図 5.2）。
② 半数近くの事業者がパッケージデザイン開発を社外のデザイン会社やデザイナーに依頼しており，デザインに対する満足度も社内のデザイナーや印刷会社・包材メーカーに依頼している事業者などと比較して高い（図 5.3）。
③ 1 商品あたりのデザイン料は，1〜5 万円未満が最も多く半分近くを占め，10 万円未満が全体の 7 割以上を占める（図 5.4）。
④ パッケージ開発の悩みとして「気に入ったデザインができない」「予算がない」「消費者に好まれるデザインがどれかわからない」「デザインのトレンドがわからない」などがあげられる（図 5.5）。
⑤ 今後，パッケージデザインの担当者・会社に手伝ってほしいこととして，「新たなデザインの開発」と共に「ネーミングの開発」「キャッチコピーの開発」もあげられる（図 5.6）。

第 5 章　地域特産品開発におけるパッケージデザイナーへの期待　67

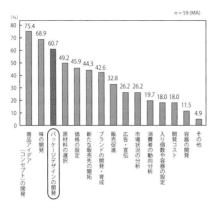

図 5.1　商品開発において重視している点

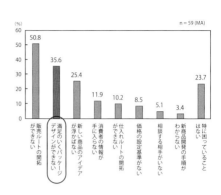

図 5.2　商品開発において困っている点

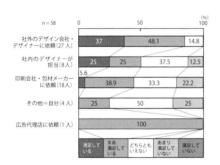

図 5.3　パッケージデザイン依頼先と満足度

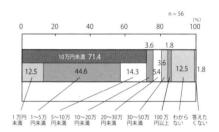

図 5.4　1 商品あたりのデザイン料

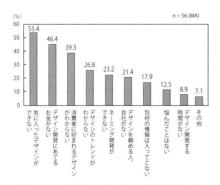

図 5.5　これまでパッケージデザインに悩んだ点

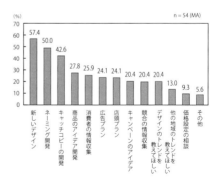

図 5.6　現在依頼しているパッケージデザインの担当者・会社に，今後手伝ってほしいこと

5.2.2　事業者からデザイナーへの期待

　商品開発で重視している点（図5.1）で，「パッケージデザイン開発を重視する」理由として，「パッケージひとつで売れ方が全く異なる」「インパクトが大切」「他社との差別化」という趣旨の自由回答が多数見られた。予算という大きな課題がある一方で，パッケージデザインはコミュニケーション戦略のなかで重要なものと認識されており，デザイン開発に関わるデザイナーへの期待は大きい。デザイナーには，商品開発のプロセスを通じて特産品の魅力や商品の特長を的確に伝えるために「デザイン制作の力」と共にネーミングやキャッチコピーなど「言葉を生み出す力」が期待されている。都市部では，規模の大きい依頼主が多く，デザイン開発業務が専門分化している傾向があり，言葉はコピーライターという専門職に依頼するケースもある。その分，開発に要する費用も大きくなっていくと同時に依頼する側のスキル，いわばオリエンテーション能力も求められる。予算をはじめ制限の多い地域特産品開発でどこまで実行可能であろうか？　デザイン関連の開発費用をコストではなく投資と捉え，一定の予算計上と関与を事業者経営層に期待したいが，マルチタレント化する地域在住デザイナーの実態が2015年度デザイナー調査で明らかになった。詳細は後述する。

5.3　特産品開発をとりまく環境

　2014年3月に調査結果報告会と同時に開催した専門家によるパネルディスカッションで，外部専門委員として参加した榊博史は，特産品と観光による地域活性化がなぜ注目されているのか，特産品と6次産業化の関係，販路開拓にあたっての課題，パッケージデザイン活用の必要性などを指摘している[2, p.4-7]。ここでは，3つのポイントに絞って紹介する。

5.3.1　特産品と観光による地域活性化

　「特産品」と「観光」が注目される理由として，「地域の活力の源泉は人口であり，人口を減少させないためには地域に雇用を創出することが必要」としている。地域外への特産品の販売と地域外からの観光客誘致で所得を呼び込むと

同時に地域内に雇用を創出，これらが「人口を維持・増加させようとする視点から，近年特産品の注目度が高まっている」。また「特産品の開発製造と観光が両輪となって産地のブランド化」を図る有効な方策として「道の駅」の活用をあげている。

5.3.2　特産品と6次産業化

1次産品を加工（2次），販売（3次）まで行う6次産業化が特産品開発で注目されており，行政や団体の支援も進められている。榊は「パッケージで商品の魅力度を高めることが，6次産業化や地域の所得向上のために不可欠」としながらも，「パッケージデザインを活用したブランドづくりも必ずしも十分とはいえない」と現状を捉えている。「市場や消費者をよく知るパッケージデザイナーには，地域の生産者，加工業者とのコミュニケーションを通じて，パッケージデザインそのものだけでなく商品開発やブランディングなど，さまざまな課題にも対応することが期待される」という。

5.3.3　特産品の付加価値

特産品の付加価値とは何か？「その土地ならではのもの，地元ではあたりまえでも外の地域の人たちには珍しいもの，その土地の風土に根差した一次産品やその加工品，長い間に培われてきた加工法や技術，モノそのものだけでなく背景にある歴史や文化の物語」などを榊はあげている。「その中心にあるのは，風土」であり，「風土とともに，その土地に根差した人々の思いやこだわりが地域そのものや特産品をなお魅力的にしていく」とする。「産地という"地域"と，地域が生み出す"特産品"の両方の魅力を店頭で消費者に訴求するコミュニケーション媒体」としてのパッケージデザイン，その開発に関わるパッケージデザイナーが果たす役割もますます大きくなっている。

5.4　事業者開発事例から

事業者調査の際，任意で特産品開発事例を収集，そのなかから特徴的な事例を選び，開発のストーリーやデザインのポイントを開発当事者の言葉を元にま

とめ，報告書に収録 [2, p.28-36]，サイトにも掲載した [7]。風土に根差した 1 次産品の活用や商品化に向けての工夫と苦労，関係するさまざまな立場の人々の思い，それらにはいくつかの共通点が見られる。

5.4.1　垣根を超える

　特産品開発は，一事業者が独自に，あるいは地元の商工会議所など関係機関の支援を受けて進める場合の他，業界団体や異業種など複数の事業者が関わるなど，関係者のありかたもさまざまである。収集事例のなかには，地元の異業種交流会が商品開発のきっかけになった北海道の鮭ぶし，地元の大学生が応援隊として参加している岩手のリンゴ菓子，県内の複数の産地が協働し飲み比べできるようにした静岡茶，震災復興で漁師と農家が NPO 法人の仲立ちで手を組んだわかめ温麺などがある。

5.4.2　話題をつくる

　特産品に限らずパッケージデザインはブランディングの重要な要素の一つであり，ネーミングやキャッチコピーも大きな役割を果たす。ご当地グルメによる町おこしを富士宮やきそば学会会長としても推進した渡邉英彦は，「表現方法を変えることで，素材や活動自体は同じであっても話題性や情報発信力に大幅な違いが出る」，「言葉の一ひねり」で「マスコミが採り上げてくれる」と，言葉と話題性の関係を講演や著書で強調してきた [8]。

　JPDA の事業者開発事例 [7] では，一部には工夫した例もあるものの，中身は何かをストレートに伝えるネーミングのものが多くみられ，特産品開発の現状を実感することとなった。先にも述べたように，ネーミングやキャッチコピーなどコミュニケーション全般への事業者の期待にデザイナーはいかに応えていくべきかを考えさせられる。

5.5　2015 年度デザイナー調査

　事業者調査を踏まえて，実際に特産品開発に関わる活動をしているデザイナーの実態を探るために，2015 年に計 20 名のデザイナーに対し電話によるヒ

アリング調査を実施した。報告書では「地域デザインの特性とデザイナーの役割」の項で特徴的な傾向を示した [4, p.4-12]。以下，3点にまとめて述べる。

5.5.1　地域在住デザイナーはマルチタレント

　パッケージデザインを核にしているデザイナーでも，その活動の幅は広く，いわばワンストップの相談窓口となっている。ネーミングやコピーを含めブランディング，コミュニケーション全般だけでなく，商品プランニングや販路開拓，プロモーション戦略，また包材調達への関与など，プロデューサー的な役割を担っているケースもある。自身でマルチに活躍するデザイナーもいれば，専門性の高い人的ネットワークを活用する場合もある。成功事例は開発プロセスの上流から関与したものに多い傾向がある。

5.5.2　顔の見える生産者，顔の見えるデザイナー

　依頼先の事業者の規模が必ずしも大きくないため，直接生産者や経営層とのやり取りが多い。人と人との信頼関係を築いて長いお付き合いとなる，口コミで仕事が広がる，という例も多くみられる。生産者，事業者の思いをくみとり具体的に視覚化していくためにも課題に対する共通理解が必要で，デザイナーにはパッケージを含めたコミュニケーションデザインの表現力だけでなく，人対人のコミュニケーションスキルも重要な能力の一つといえよう。直接のやりとりを通して課題や目指す姿を浮かび上がらせている。

5.5.3　推進エンジンとなるキーマンが必要

　成功事例には，開発から販売促進に至るまで，強い推進役となる意欲的なキーマンがいる。生産者自身であり，時には地域活性化を担う行政・団体のメンバーであり，またデザイナー自身の地域への強い思いが功を奏している場合もある。新たに商品を開発する場合だけでなく，開発後の販路拡大を目的とした商談会や展示会への参加，また継続的なデザイン，コミュニケーションの見直しなど，ブランド強化にも推進役が欠かせない。公的機関による支援事業を利用した場合では，事業終了後も人的ネットワークが活かされ継続的発展につ

ながっている。

5.6 デザイン開発事例から

デザイナー調査の際も事例収集[9] を行うとともに，2016 年には報告会と同時に，地域で活躍するデザイナー 3 名（ヒアリング調査対象者）を招いてパネルディスカッションを開催，事例紹介を含め，生の声を聞いた[10]。それぞれが開発に携わったデザイン事例を中心に紹介する。

徳島在住の立花かつこは「阿波藍×未来プロジェクト」でのイベント展示などにも関わっている。パッケージ事例は，江戸時代の行商から始まった鮮魚卸販売会社「泉源」の水産加工品（図 5.7）。子どもたちにもっと魚を食べてほしいというコンセプトでキャラクターデザインを採用，展示会や店舗でも独特の世界観を打ち出している。「キャラクターを自分がつくるとは思っていなかった」立花だが，これが好評で，他社からもキャラクターづくりの依頼が来るようになったという。

本多英二は岡山と東京に事務所を持ち，生産の現場である岡山と，消費の現場・東京との行き来で，お互いの不足部分を補完する役を担っているという。

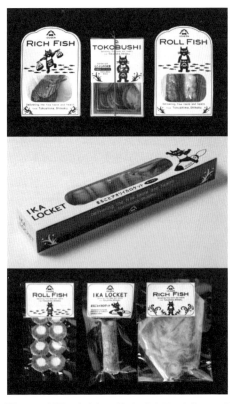

図 5.7 泉源の水産加工品（画像提供：立花かつこ）

岡山のワイン「TETTA Vigne」の事例は（図 5.8），ロゴデザインの依頼からファン獲得策にまで展開。生産量が少なく価格も高くならざるをえないが，

「地域においてはデザインの前後の仕掛け作りが肝要」と考え，高いクオリティを目指し，また植え付けや収穫のイベントを開催するなどファン獲得策にも関わっている。

東京でキャリアを積み北海道に移住した氏原文子は，季節によってはタンチョウ，エゾシカ，キタキツネなど野生動物の姿も目にする道東の鶴居村に在住。酪農が盛んな一方，隣接する釧路には国内有数の水揚げ量を誇る漁港がある。鮭を大量の塩に漬ける伝統的保存食・山漬を鶴居村の山でつくる人がいたことに因んで商品化された「山の山漬」は道東らしい商品（図5.9）。「地元の人達との深い交流の中から仕事につながっていくこともある」という。

図5.8　TETTA Vigne（画像提供：本多英二）

図5.9　マルヒロ菊地商店「山の山漬け」（画像提供：氏原文子）

5.7 特産品のパッケージデザイン

　以上のパッケージデザイン事例は，商品開発コンセプト，デザインコンセプトを踏まえ，それぞれに適切なデザイン表現が選択されているといえる。同じ案件であってもデザイナー個人の経験やスキル，感性や発想によってアウトプットは異なったものとなる。パッケージデザインを進める上でベーシックな要件を押さえておくことはいうまでもないが，特産品のパッケージデザインではとくに留意すべきポイントがさまざまであり，どこを重視するかの検討も重要である。パッケージデザイン開発に関する基本事項の一部を紹介する[2]。

5.7.1 パッケージの基本特性

　パッケージの基本的な特性として，商品を量的に単位化し，運搬しやすく保護し，品質を守るという「容器」としての役割（道具性）とともに，施されたデザインを通じて事業者など送り手からのメッセージや商品情報を，使い手である生活者に伝達するコミュニケーションツールとしての役割（情報性）がある[11]。パッケージデザイン制作においては，商品コンセプトを的確に伝達するため，最適なデザイン表現が求められる。内容物が何かといった基本的な情報伝達の他にも，他の商品と比べて優位な点は何か，またその商品を購入・使用することでどのような価値がもたらされるかといったつくり手の思いやメッ

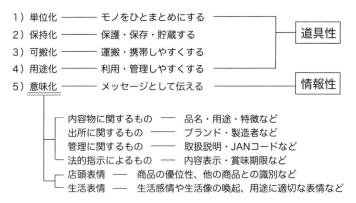

図 5.10　パッケージの基本概念…道具性と情報性（金子[11]の記述を元に筆者が図式化）

セージを，商品個々にふさわしい「表情」で伝える必要がある。（図 5.10）

5.7.2 特産品購入の多様さ

　日々の暮らしに必要なものをスーパーマーケットやコンビニエンスストアで購入する場合と，特産品を購入する場合とでは，おのずと違いがあり，パッケージデザインもそれぞれに適した表現が求められる。特産品の購入においてもさまざまなケースが考えられ多様性に富む。

- 売り場・買い場：旅先では，駅，空港など交通機関のターミナル，またサービスエリア，道の駅，土産物店，製造直販店，観光スポットなどがある。居住地近くでは，アンテナショップ，物産展，百貨店などのほか，通信販売も利用される。
- 購入目的：職場や知人・家族へお土産，手土産，ギフト，自宅用など。
- 購入者：世代性別問わず，商品のターゲットの幅が広い。
- 内容物：1 次産品（青果物，海産物，畜産品），加工食品，菓子，飲料，酒類など飲食料品のほか，工芸品や記念品など多岐にわたる。

(1) 売り場・買い場が多様

　駅やサービスエリアなどの非対面販売店舗でセルフ販売される場合は，パッケージや限られた店頭 POP で多くの商品情報を説明する必要がある。それに対し，百貨店や物産展，製造直売店などの対面販売店舗では，店員の説明やディスプレイなどによって商品説明を補足できるために，必ずしもパッケージデザインにすべての情報を盛り込むことはせず，ブランド訴求をデザインの中心にする場合がある。また，評判を聞いた商品や過去に購入し気に入った商品を通信販売でお取り寄せするなど，購入チャネルは広い。

(2) 購入目的が多様

　特産品購入の目的が，旅先や出張先で職場や知人などへの土産として，たとえば菓子を購入する際，個包装された商品のほうが配りやすく利便性が高いということもある。この場合，入り数が重要な選択基準の一つにもなる。逆に，旅の記念として自家用に購入する場合は，内容物・パッケージも含めて，その

土地の独自性が高く反映されたものをより強く期待することもある。

(3) 購入者が多様

　修学旅行生が限られた予算で購入する，出張のビジネスマンが職場用に買う，高齢者がゆったりしたツアーの旅先で自宅用に買うなど，購入者も旅の目的もさまざまであろう。購入者それぞれの事情によって，じっくり選ぶ場合もあれば，短い時間の間に選択～購入をする必要もあり，何を想定するかでパッケージデザインで強調するポイントも変わってくる。

(4) 内容物が多様

　購入目的にも深く関連しているのが，どういったジャンルの商品を選択するかといった点である。食品でもすぐ食べられる菓子にするか，調理を必要とする1次産品や加工食品ものか，異なるジャンルの商品が競合関係にあるといえる。とくに自宅用では商品選択の幅も広がる。

(5) 評判や事前情報

　あらかじめその商品やブランドを知っていて指名買いする場合と，店頭で初めて商品を知り購入する場合とがある。あるいは「仙台の笹かまぼこ」のように地域と特産品のイメージのみを知っていて，メーカーや商品の選択は店頭で，というケースもあるだろう。テレビや雑誌などマスコミでの話題，インターネットのクチコミ評判といった事前情報も商品選択に影響を与える。

5.7.3　パッケージにおける情報伝達

　実際の商品選択の場面では，その他にもさまざまな要素が関係している。土産やギフトとして利用されるものはとくに，購入する人（買い手）だけでなく，もらう人（使い手）が受ける印象にも配慮が必要となる。何を想定してパッケージデザインにつくり手の思いやメッセージを表現するか，5W1Hを考慮しながら，訴えるべきコンセプトを明確にしたうえで表現していく必要があるであろう（図5.11）。つくり手が目指す販路が地域内か全国展開かも大きく影響する。

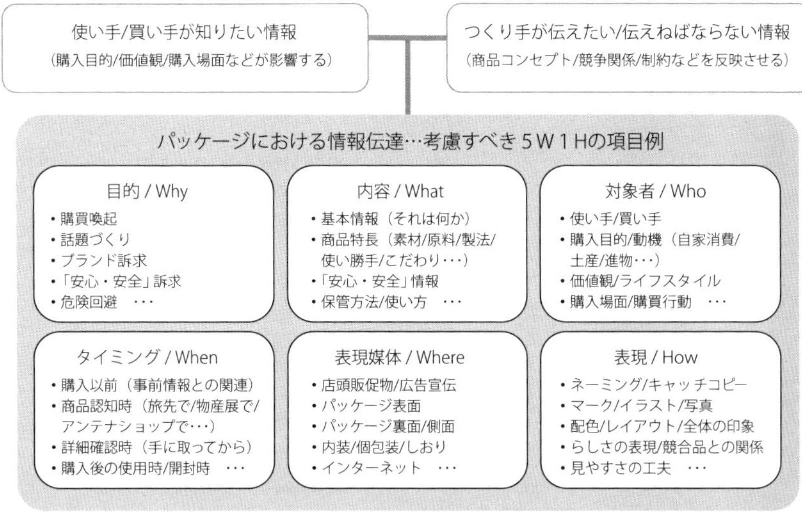

第5章 地域特産品開発におけるパッケージデザイナーへの期待

```
┌─────────────────────────────┬─────────────────────────────────┐
│  使い手/買い手が知りたい情報  │ つくり手が伝えたい/伝えねばならない情報 │
│ (購入目的/価値観/購入場面などが│ (商品コンセプト/競争関係/制約などを │
│  影響する)                  │  反映させる)                    │
└─────────────────────────────┴─────────────────────────────────┘
```

パッケージにおける情報伝達…考慮すべき5W1Hの項目例

目的 / Why	内容 / What	対象者 / Who
・購買喚起 ・話題づくり ・ブランド訴求 ・「安心・安全」訴求 ・危険回避　…	・基本情報（それは何か） ・商品特長（素材/原料/製法/ 　使い勝手/こだわり…） ・「安心・安全」情報 ・保管方法/使い方　…	・使い手/買い手 ・購入目的/動機（自家消費/ 　土産/進物…） ・価値観/ライフスタイル ・購入場面/購買行動　…

タイミング / When	表現媒体 / Where	表現 / How
・購入以前（事前情報との関連） ・商品認知時（旅先で/物産展で/ 　アンテナショップで…） ・詳細確認時（手に取ってから） ・購入後の使用時/開封時　…	・店頭販促物/広告宣伝 ・パッケージ表面 ・パッケージ裏面/側面 ・内装/個包装/しおり ・インターネット　…	・ネーミング/キャッチコピー ・マーク/イラスト/写真 ・配色/レイアウト/全体の印象 ・らしさの表現/競合品との関係 ・見やすさの工夫　…

図5.11 パッケージにおける情報伝達（5W1H）

5.8 おわりに

2013年度事業者調査で収集した事例のなかに，ご当地レトルトカレーが複数あった[7]。地域で販売されるだけでなく，首都圏のスーパーマーケットなどでもご当地レトルトカレーを多く目にするようになっている。1次産品を活用し長期保存が可能なレトルトカレーは特産品開発の一手法として定着している[12]。個性的なデザインも多いが，近年はパッケージ正面へカレー盛り付け例写真（シズル写真）を追加してリニューアルする例が多くなってきている。おいしさ感を強調すると同時に内容物，とくにどのような具材が入っているかを示す狙いが強いと思われる。反面，ナショナルブランドの商品とあまり差のない一般的な印象になってしまうことも危惧される。写真の扱いの工夫，ご当地感，素材の訴求などグラフィック面だけでなく，ネーミングやコピーを含めたコミュニケーション全般がさらに問われるようになっていくであろう。

目まぐるしく変化する時代，テクノロジーや社会課題，人々のライフスタイルの変化にあわせて，デザイナーはどのように課題解決し提案をしていくのであろうか。特産品に限らず，生活に密着したパッケージデザインという分野

で，新たな展開がなされることを期待したい。

参考文献

［1］JPDA サイト：パッケージデザイン【情報の森】, http://www.jpda.or.jp/activities-info/eco_ud/
［2］JPDA 調査研究委員会：ニッポンのパッケージデザイン調査 特産品開発におけるパッケージデザインの役割と課題 ―2013 年度 調査報告書―，2014
［3］JPDA サイト：ニッポンのパッケージデザイン＜ 2013 年度調査＞結果概要，http://www.jpda.or.jp/pd_forest/japan_pd_design/japan_pd_design03/
［4］JPDA 調査研究委員会：ニッポンのパッケージデザイン調査 特産品開発におけるパッケージデザイナーの実態と役割 ―2015 年度 調査報告書―，2015
［5］JPDA サイト：ニッポンのパッケージデザイン＜ 2015 年度調査＞デザイナー調査，http://www.jpda.or.jp/pd_forest/japan_pd_design/japan_pd_design04/
［6］日経 BP 社：日経デザイン 2014 年 5 月号，p.100，2014
［7］JPDA サイト：特産品開発 事業者事例集，http://www.jpda.or.jp/pd_forest/japan_pd_design/japan_pd_design02/（2013 年度事業者調査で収集掲載したものは 9 件，その後も継続的に収集を行いサイトに追加掲載している）
［8］渡邉英彦：ヤ・キ・ソ・バ・イ・ブ・ル ―面白くて役に立つまちづくりの聖書，静岡新聞社，p.92，2007
［9］JPDA サイト：特産品パッケージデザイン開発事例集，http://www.jpda.or.jp/pd_forest/japan_pd_design/japan_pd_design01/
［10］JPDA サイト：調査研究報告会「売れる特産品はこうして作られる」，http://www.jpda.or.jp/pd_forest/2016/0317_1/
［11］金子修也：パッケージデザイン ―夜も地球もパッケージ，鹿島出版会，1989
［12］JPDA サイト："ご当地レトルトカレー・パッケージデザイン考"，http://www.jpda.or.jp/pd_forest/jpd-yy002/

※上記に掲げた JPDA サイトの各記事はいずれも 2019 年 7 月 1 日時点で公開を確認したものである。システム改修などで URL アドレスが変更になる場合もあるのでご留意いただきたい。

第3部

実現化手法

第6章　時系列感性評価手法としての曲線描画法
　　　西藤栄子（金沢工業大学）
　　　神宮英夫（金沢工業大学）
　　　日本感性工学会誌第16巻第3号部会特集号「感性商品研究の最前線」所収
　　　感性商品研究部会第60回研究会で発表

第7章　曲線描画法によるドローン映像の感性評価
　　　熊王康宏（静岡産業大学）
　　　第20回日本感性工学会大会感性商品研究部会企画セッションなどで発表

第8章　街歩き旅行支援アプリケーション
　　　木下雄一朗（山梨大学）
　　　日本感性工学会誌第16巻第3号部会特集号「感性商品研究の最前線」所収
　　　感性商品研究部会第46回研究会などで発表

第9章　商品に対する所有感の生起
　　　井関紗代（名古屋大学大学院）
　　　北神慎司（名古屋大学大学院）
　　　感性商品研究部会第65回研究会で発表

第6章 時系列感性評価手法としての曲線描画法

人はモノに遭遇した瞬間から，たとえ短時間であっても，モノに対する感じ方が時間とともに変化する．本章では，まずこのような感性の時間的変化を把握することの重要性と測定手法の特徴を述べ，次にこの時系列感性評価手法の具体的手順と有用性について実験的に検証する．

6.1 曲線描画法の有用性

6.1.1 知覚判断の問題

人が五感を通して得た情報に対して，なにがしかの判断がなされることを，知覚判断（perceptual judgment）という．飲料を飲んだときに「おいしい」ということを意識したとする．このときには，味，喉越し，冷たさ，見た目など，多様な感覚情報から，そのおいしさが判断される．知覚判断としてのモノに対する評価は，一般的に，人とモノとの関係が終了した時点でなされる．そして，この評価は，人とモノとの関係の総体の結果を表していると，通常は考えられている．しかし，日常的にもよく経験するが，直前の知覚印象が大きく評価に影響したり，最初の強烈な印象が最後まで影響していたりということはよくある．知覚判断の考え方の基礎となっている「心理物理学」（psychophysics）では，入力（刺激）とその処理結果としての出力（反応）との関係を前提としているが，これらの間の関係は，基本的に1対1の対応性である．飲料を飲んだときのように，時間的に感覚情報は通常，変化していく．たとえ，入力に時間的変化が存在したとしても，1つの入力の総体とみなしている．したがって，時間的変化としての多様な入力が存在したとしても，入出力関係は1対1を前提としていることになる．

従前の知覚判断は，入力や出力の時間的変化にあまり注目してこなかった．実際には，入力にも出力にも時系列性が存在し，知覚判断の結果としての評価自体に大きな影響を与えている．このような時間的変化の重要性に着目した評価手法を考える必要があり，「曲線描画法」（CDM：curve drawing method）を

考案した[1]。

6.1.2　記憶心理物理学と時系列感性評価

曲線描画法は，人とモノとの関係が終了した時点で，その関係を思い出して，時系列に沿って，記憶を再生する手法である。このような記憶を手がかりとした評価は，通常「記憶心理物理学」（memory psychophysics あるいは mnemophysics）と呼ばれている[2]。飲料を飲んだときのおいしさの曲線描画では，あまり長い時間が経過してはいないので，再生の手がかりはさほど重要な問題ではない。しかし，結婚式に参列して感じた感動を曲線描画してもらう場合には，2時間程度の時間経過を思い出してもらうことになる。たとえば，花束贈呈などの式のイベントがその手がかりとなる（図6.1）。長時間経過後の記憶再生には，当然何らかの明確な手がかりが必要となる。

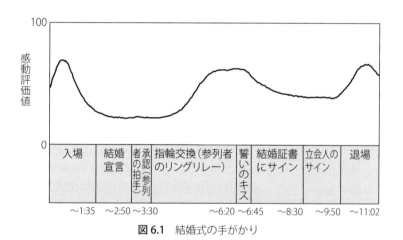

図6.1　結婚式の手がかり

記憶心理物理学での実験では，あの時点はどうだったか，この時点はどうだったか，というように，手がかりを提示して再生を求める。ある時点の記憶をたどりながら，点的な再生が行われている。UX（user-experience）の分野での「UXカーブ」も同様である[3]。しかし，時系列性は，時間の流れが重要であり，この流れに沿って連続的に再生される必要があろう。このような意味で，曲線描画法の必要性がある。

ただ，物理的に時間経過が存在していても，心理的に継時とは感じないことがある．時計の時間を告げる音のように，また踏切での二灯点滅器のように，瞬時に複数の音が同時に鳴ったように感じる．これは，「心理的現在」(psychological present）と呼ばれている[4]．当然，このような時間経過に対しては，その手がかりを明確に持つことができないために，曲線描画はできないことになる．

記憶に依存するという側面がある一方，人とモノとの関係を中断することなく，時系列評価が可能であるという点が，曲線描画法の大きな利点である．

人とモノとの関係を中断しないという意味では，生理・脳機能測定が考えられる[5]．心電計測による自律神経の交感神経と副交感神経の活動指標の時系列の結果や NIRS による脳内血管のヘモグロビンの量の変化など，リアルタイムの連続測定が可能である．このような測定にはいくつかの問題がある．ほとんどの場合，測定機器を装着することによる非日常性の問題がある．簡便な装置を装着することもあるが，測定できる内容が限られてくる．また，得られた結果が人の感性の何を表しているのかという，測定結果の解釈の難しさが常に存在している．

しかし，人とモノとの関係を中断せずにリアルタイムで結果が得られるという利点は重要である．実験条件や測定状況を上手に設定して，その結果の解釈が容易になるような工夫が必要である．

生理・脳機能測定結果と，曲線描画法の結果との対応をつけることで，その解釈を容易に行うことが可能である．ともに連続的な時系列データであり，親和性の高いデータ同士であるといえる．

6.1.3　感性評価との関係

通常の感性評価では，人とモノとの関係を中断せざるをえない．解析の工夫で，その時系列性を明らかにすることはできるが[6]，評価データの取得には大きく日常性からずれる可能性がある．生理・脳機能測定は，機器の装着による非日常性と，得られた結果の解釈の難しさとが，常につきまとっている．

曲線描画法は，記憶を手がかりとした評価法ではあるが，人とモノとの関係を中断することはない．通常の感性評価と同様に，言葉を使用した評価である

ので，得られた結果の解釈は比較的容易である。

　感性評価に際して，人とモノとの関係の中断は，非日常的な事態をもたらす。この問題を避けるための方法として，曲線描画法の可能性がある。ただ，記憶に頼るという問題がその代償として残ってしまうことは避けられない。

6.2　曲線描画法の実際
　　　ー測定評価の方法と手法の有用性

　記憶を手がかりとした時系列評価手法の曲線描画法とは，実際にはどのような手順によるものか，またこれによって得られた結果はリアルタイムで求めた生理機能データの心電計測結果とどれだけのズレが生じるか否か。

　これらの点から，前述の生理機能データが抱える問題（装置の装着による日常性担保の難しさ，言葉によらない「生理指標値が示す意味」の不明確さなど）を克服し，どんな実験環境でも簡便に測定評価でき，むしろ記憶に頼ることで実験の工夫次第では生理指標からは得られない「潜在的な心理部分を測れる可能性」があることなど，曲線描画法の利点／効果を明らかにする。

6.2.1　曲線描画法による時系列感性評価の方法

　まず，この手法による時系列評価の手順を，模擬結婚式での実験を例に，具体的に述べる。

刺激と実験対象者：ブライダル会社の協力を得て開催した模擬結婚式の録画（11分2秒）を刺激に選び，時々刻々と変化する場面の雰囲気に感動した程度（感動度）を曲線で評価させた。「雰囲気」は，刺激が何であるかが明確ではなくても「なんとなく感じる」というように刺激と反応の関係が曖昧ではあるが，場面を全体として受けとめて実感を伴う意識状態であって，感情・情緒や意思と関係する複雑な多感覚情報とも考えられる[7][8]。このように複雑なイメージ・感情を，全体のまま把握できれば，雰囲気だけでなく，感性の変化が伴うさまざまなモノ・コトについての連続的な時系列評価が可能といえよう。ここでは実験対象者（女子学生38名）の刺激に対する感動度を曲線描画法で

測定した。

描画用シート：この実験で作成した曲線描画（評価）用シートは図 6.2 であり，X 軸は経過時間，Y 軸は感性評価値とした。

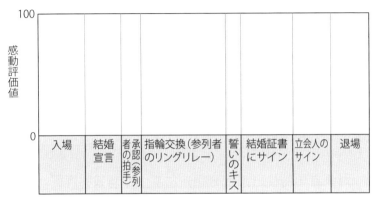

図 6.2 描画用シート

　描画用シートには，曲線描画しやすくするために，各場面の経過時間を比例配分した目安線を入れた [5][12][13]。測定時間が 1.5 時間以上の長時間に及ぶ実験では，目安線の位置は場面を等分割（たとえば，前半，中盤，後半）した。それでも時系列感性評価値は心拍変動の結果と対応することを確かめている [9]。このように目安線を入れると記憶を引き出しやすくなるため，評価しやすくなる [12]。

測定・評価：一般に時系列感性評価では，①リアルタイムの感性評価と，②後で振り返っての評価の 2 種類が考えられる。①は前述のように，たとえ「一瞬」であっても，常にモノとの関わりを中断しながら評価しなければならない。それに対して②の「振り返って」の評価では，刺激全体の感性評価パターンを把握してから連続線を描くので，感性評価の変化を十分に記述できる利点がある。そのため曲線描画法では「振り返って」の方法をとることにした [5][9][12][13]。測定時期は，1 回目の実験では，できるだけ記憶の影響が少ないと考えられる刺激提示直後とした。

　評価方法については，Y 軸の評価値を実験目的に応じた規定の評価範囲

（この実験では 0～100 点）に設定して，マグニチュード推定法（Magnitude Estimation Method）[14] で，感じたまま自由に線を描いた。

曲線から求める y 値（本実験では感動評価値）は，画像をデジタル化し，刺激（録画）11 分 2 秒を心電計測と同じ間隔（2 秒間隔）に区切った位置（今回は 332 個）を測定位置として，画像解析ソフト（ここでは"Graphcel"）を用いることによって求められた。

ここで，測定・評価のスタート点（X 軸ゼロ時）での y（感動評価値）の初期値をゼロと規定せずに，自由に「感じたままのポイント」として評価させた。それは，①最初に期待したよりも感動度が低下する場合を想定したこと，②対象者ごとの実験スタート時の感動・ワクワク感の程度を y の初期値から読み取ることができるからであった。

6.2.2　対象者の特性（感度分類）に基づく時系列評価パターン

まず，対象者の特性（結婚式の雰囲気を感じやすい高感度の人とそうでない低感度の人）の曲線描画法による時系列評価パターンの違いを調べて，本手法の有用性を検討した。

（1）対象者の特性（感度）分類

実験対象者 38 名の特性（感度）を分類するために，先行研究[7][8]で求めた結婚式の雰囲気評価用語 27 語のうちの雰囲気特有語 5 語（落ち着いた，なごやかな，やさしい，入りやすい，明るい）を用いて，模擬結婚式録画の 4 場面（新郎新婦入場，結婚宣言，指輪交換，退場）を 7 段階評定した。これに同じ刺激と評価用語で評価実験した学生 103 名のデータ[11]を加えた 141 名について，G-P（Good-Poor）分析の手法で，雰囲気特有語（5 語）の 4 場面に得た合計得点を算出して，上位・下位，各 25 % を目安に，得点の高いほうから順に，雰囲気の感度の高いグループ 38 名，逆に合計得点の低いほうから順にそれの低いグループ 35 名，残りを中間グループ 68 名として分類した[5][15]。

この結果をもとに，今回の対象者である心電測定と曲線描画の両実験対象者 25 名（38 名中）は，高感度 10 名，低感度 4 名，中間 11 名として感度分類された。

(2) 曲線描画法で求めた時系列評価値(素データ)の挙動・パターン

感度分類した高感度者,低感度者から任意に各1名を選び,それぞれの評価結果を例として図6.3上に示した。この図を見ると,高感度者は実験スタート時のワクワク感が高くて,その後の感動度はスタート点よりも低くなっている。時系列感動評価値の挙動については,変化が大きいことが顕著に示された。これによって,この高感度者は録画から受ける感動の起伏が大きく,ワクワクしながら視聴していることが読み取れた。一方,低感度者は,スタート時に比べて感動度が増しているが,その変化は緩やかで,録画を淡々と視聴していることがわかった。このような反応傾向は,他の高・低感度者でも同様であった[12]。

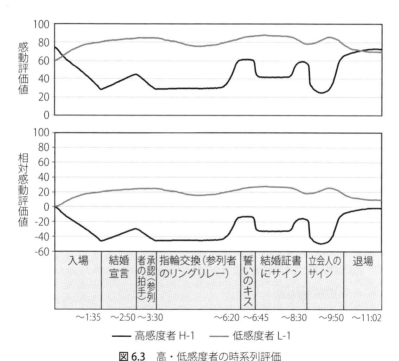

図 6.3 高・低感度者の時系列評価
(上:感動評価値(素データ)の挙動,下:相対感動評価値の挙動)

(3) 相対時系列評価値の挙動・パターン

実験で求めた時系列感動評価値(素データ)のパターン(図6.3上)と比較

するため，この曲線パターンから2秒ごとに取得した332個の時系列感動評価値を，式(6.1)で相対時系列評価値に変換した．そのパターンが図6.3下である．このような手順で「実験スタート時の得点（素データの初期値）」が一定になるように「相対時系列評価値」に変換することは，初期値が異なる評価値の変動を比較検討するために効果的である．

$$Y_n = y_n - y_0 \tag{6.1}$$

ここで，Y_n は経過時間 n 時における相対感動評価値，y_n は経過時間 n 時における素データの感動評価値，y_0 は実験スタート時の素データの感動評価値（初期値）である．

図6.3下では，高感度者の相対感動評価値は実験スタート時の初期（期待）値よりも時系列評価はマイナス側にプロットされたが，ワクワク感を表す曲線の挙動（パターン）傾向は，図6.3上と対応して，低感度者よりも，揺れ数・揺れ幅ともに変化が大きく，ワクワクしながら録画を視聴していることが示された．逆に，低感度者の挙動は緩やかで，淡々と視聴していた．なお各相対感動評価値には高－低感度者間で有意な差があることを，対応のある t 検定によって認めている（$t = -48.35$, $df = 331$, $p < 0.001$）．以上の傾向は他の対象者でも同様であった．

このように，曲線描画法によると，時々刻々と変化する感動（ワクワク感）のパターンが，対象者の特性によって区別できることが示された．

研究目的によっては相対感動評価値の絶対値で表す方法も提案している[12]．

6.2.3　曲線描画と心拍変動（リアルタイムデータ）との比較検討 ー記憶の影響

（1）生理機能データの心拍変動の取得

曲線描画法による時系列感性評価の可能性を検証するために，曲線描画での実験と同じ対象者に，模擬結婚式の録画を個別に視聴させてリアルタイムに心電計測し，2秒ごとの心拍指標値 LF/HF を求めた．LF は低周波数帯 0.04～0.15 Hz，HF は高周波数帯 0.15～0.40 Hz の各値である．この実験で使用した心電計測器はマイクロメディカルディバイス社製 RF-ECG であった．

（2）心電計測結果

心拍指標値の LF/HF を，高−低感度者間で比較検討した。結果を図 6.4 に示した。ここで LF/HF の HF は副交感神経の働きで，LF には交感と副交感神経が関わっている。したがって LF/HF の値が低いと副交感神経が優位でリラックスを，高いと交感神経が優位で興奮・緊張をしている可能性がある。

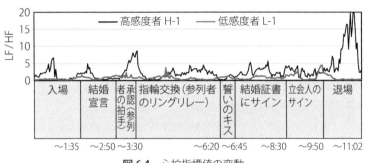

図 6.4　心拍指標値の変動

図 6.4 の LF/HF の変動は高感度者のほうが低感度者よりも大きく，時々刻々と変化する録画場面を興奮／リラックスが入り混じりながらワクワクして視聴していることが示された。一方，低感度者はその変動が小さく，録画を淡々と受けとめながら視聴しており，高−低感度者間で挙動に違いのあることが認められた。この高−低感度者間の LF/HF の違いについては，対応のある t 検定によって有意差を確かめている（$t = 11.26$，$df = 331$，$p < .001$）。

このように，刺激提示直後では，リアルタイムで求めた心拍変動と前項の曲線描画法での反応傾向とが類似した。この結果から，刺激提示直後の測定での記憶[2][16][17]は少なくとも長期記憶とはいえず，短期記憶によるもので[16]，心拍変動と曲線描画との測定結果に大きな違いがなく，類似していることが確かめられた。

6.2.4　曲線描画法での測定・評価時期 ―記憶の影響の有無

本項では，測定・評価時期を刺激提示直後と 1 時間後として，両時期に得られた評価パターンの関係性から，測定時期の違いによる記憶の影響を調べた。

もし，これら 2 つの測定時期の間で曲線パターンに差がなければ，この時間内であれば長期記憶の影響はほとんどなく，少なくとも刺激提示直後の描画曲線（評価）であれば，心拍変動のようなリアルタイムとそれほど変わらない反応傾向と考えて分析できる．

(1) 実験

前項とは別の実験対象者（女子学生 32 名）によって，前述と同じ刺激と方法で，曲線描画法による測定評価実験を実施した．実験 1：雰囲気の評価実験データから，前項と同様，G-P（Good-Poor）分析[15]で対象者を感度分類した．実験 2：曲線描画法を用いて，時々刻々と変化する場面の雰囲気を，同じ人が 2 回評価した（1 回目：録画視聴直後，2 回目：刺激視聴の 1 時間後）．なお 2 回目の実験のためには，1 回目終了時に「別の実験をする」と教示した．「感度と 1 回目の曲線パターン」「感度と 2 回目の曲線パターン」双方の関係性を調べた．

感度分類では，ここでの女子学生 32 名に，前項の感度分類対象者，学生 141 名（男子：40 名，女子：101 名）のデータを加えて G-P 分析した．

描画曲線での y 値（評価値）取得方法も前項と同様であった．実験対象者ごとに得られた評価値（1 回目と 2 回目）について，相関分析と t 検定によって，評価に及ぼす記憶の影響を調べた．

(2) 対象者の特性（感度）分類結果

対象者 173 名（本項 32 名＋前項実験対象者 141 名）それぞれについて，前項と同様の方法で，雰囲気特有語 5 語で 4 場面を評価した合計得点を算出して，その得点の高いほうから上位（高感度者），下位（低感度者），各 25 % を目安に，高感度グループ 39 名，低感度グループ 48 名，中間グループ 86 名として分類した．このなかから，本項対象者 32 名は，高感度 7 名，低感度 8 名，中間 17 名として抽出された．

(3) 感度（高–低感度）と時系列評価パターンの関係 ―結果の再現性

前項と異なる高感度者 H-1 と低感度者 L-1 の録画視聴直後と 1 時間後の曲線描画での評価パターンを図 6.5 に示した．この結果は，前項と同様，高感度

者のほうが低感度者よりも変動が大きく，時々刻々と変化する場面・状況の雰囲気をワクワクしながら視聴していた。逆に低感度者では緩やかで，録画を淡々と視聴していた。2つの評価パターンの間には，双方に有意な差のあることを確かめた[13]。また，この傾向は他の対象者でも同様であった。この結果から，曲線描画法によると，対象者の特性ごとの時系列感性評価の仕方を区別でき，同じ実験条件ならば結果の再現性が得られることも確かめられた。

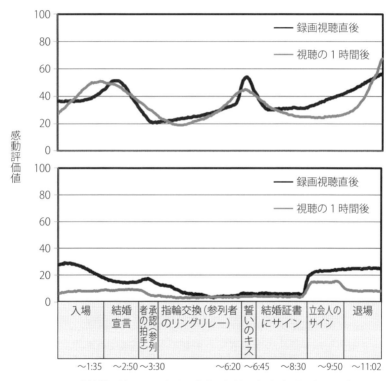

図 6.5 曲線描画法による時系列感動評価値の変動（評価パターン）
（上：高感度者 H-1，下：低感度者 L-1）

（4）測定・評価時期の違いと時系列評価 —記憶の影響

高・低感度者それぞれで，録画視聴直後と 1 時間後の評価パターンの違いの有無を，双方の評価値を入力データとした相関分析によって調べた。その結果を表 6.1 に示した。それを見ると，高感度者 H-1 の相関係数は 0.766，低感度

者 L-1 では 0.749 であり，いずれも 1 ％ 以下で有意な相関のあることを確かめた。その他の対象者の相関係数も，低感度者 L-6 を除いて高かった。

さらに，各対象者の録画視聴直後と 1 時間後の時系列感動評価値差を式 (6.2) で算出して，時系列評価パターン（録画視聴直後と 1 時間後）の変動に，対象者の特性（感度）が影響しないかを調べた。

表6.1 録画視聴直後と 1 時間後との時系列評価値の相関係数

高感度者		低感度者	
H-1	0.766	L-1	0.749
H-2	0.743	L-2	0.564
H-3	0.542	L-3	0.932
H-4	0.900	L-4	0.842
H-5	0.873	L-5	0.803
H-6	0.696	L-6	−0.297
H-7	0.672	L-7	0.627
		L-8	0.850

$$D = \frac{\sum_{i=1}^{332}(K1_i - K2_i)^2}{332} \quad (6.2)$$

ここで，D は視聴直後と 1 時間後の時系列感動評価値差，$K1_i$ は視聴直後の全測定回数 332 回中の i 番目の感動評価値，$K2_i$ は 1 時間経過後のそれである。

この値を入力データとして高–低感度者間で t 検定した結果，両者には有意な差が認められず（$t = -0.94$, $df = 13$, n.s.），どの人も 1 時間以内であれば評価パターンが似かよっていることを確かめた。

これらの結果から，曲線描画法による刺激提示直後の時系列評価では，リアルタイムの生理指標値と類似した反応傾向が捉えられ，生理機能データの取得困難な実験環境でも十分に対応できる時系列評価手法として有用であることを確かめた。

さらに生理指標値が示す値の意味の不明確さを考慮すれば，曲線描画法での時系列評価値が示す意味の明確さと，併せてその意味に含まれる対象者の潜在的な意識を，実験の工夫次第では測定できることも示唆された。

以上のことから，曲線描画法は，ユーザビリティや UX など，幅広い領域での「感性の時間的変化が存在するモノ・コト」を対象に，「たとえ短時間でも，人がモノと接するときに感じる感性上の変化」を捉えることができることを検証した。

6.3 おわりに

　人とモノとの関係に基づいて行われる感性評価では，時間的変化を捉えることが重要である．それに着目して提案したのが連続的時系列感性評価手法の曲線描画法であった．これは，時々刻々と変化する人とモノとの関係を連続的に曲線で評価する手法である．そしてリアルタイムに取得する生理機能データとは異なり，刺激直後に，刺激から受けた全体の評価パターンを曲線で評価するもので，記憶を手がかりとして行う測定評価手法である．

　ここでは，対象者の特性と曲線描画法での曲線パターンの関係，描画（測定・評価）時期の違いによる記憶の影響を，模擬結婚式の録画を刺激にして検討した結果，結婚式の雰囲気について感度の高い人は曲線の変動が大きく，ワクワクしながら視聴していた．逆に，感度の低い人の変動は小さく，淡々と視聴していた．この傾向は，対象者が異なっても同じであった．またリアルタイムデータの心拍変動とも類似した．

　このことから，曲線描画法で対象者の特性によって評価パターンの違いを区別できること，併せて刺激直後ではリアルタイムデータと同様の評価傾向を示すことが確かめられた．また再実験からは，対象者と測定・評価時期が異なっても同様の傾向が認められ，結果の再現性も確かめられた．

　さらに曲線描画法での評価に及ぼす記憶の影響を検討するために，刺激提示直後と1時間後の時系列感性評価傾向を調べた．その結果，両者の時系列感性評価値パターン間に相関を認め，類似していることもわかった．この傾向は，高−低感度者間での刺激提示直後と1時間後の時系列評価値差の t 検定結果からも有意差が認められず，どんな人も測定・評価時期が1時間以内であれば，リアルタイムの時系列評価と同様，評価パターンは類似することがわかった．これによって，生理機能データが取得困難な実験環境・条件でも測定・評価できる曲線描画法の有用性を検証した．

　生理機能データは，対象者の意図で変化させることは基本的にできない．このような意味で"客観的"と考えられているが，その値が示す意味の不明確さは常につきまとう．曲線描画法との対応性が得られたことを考えると，曲線描画法は，時系列感性評価値が示す意味の明確さと，その結果に内在している対象者の潜在的な側面を，双方併せ持つ結果が得られる可能性のある測定法であ

ると考えることができる。

　今回，時々刻々と変化する人とモノとの関係を時系列感性評価する手法として，曲線描画法の可能性を確かめた。これによってこの手法が，ユーザビリティやUXなどの幅広い領域で日常性を担保し，どんな実験環境・条件にも対応できる簡便な連続的時系列感性評価手法として期待できる。

参考文献

[1] 丹羽花子・神宮英夫：食品のおいしさの特徴に関する研究，第14回日本感性工学会大会予稿集，A5-06，2012．
[2] Algom, D.（Ed.）1992 Psychophysical approaches to cognition. Amsterdam：Elsevier.
[3] Sari Kujala, Virpi Roto, Kaisa Väänänen-Vainio-Mattila, Evangelos Karapanos, Arto Sinnelä：UX Curve：A aluating method for evlong-term user experience, Interacting with Computers, Vol.23, pp.473-483（2011）．
[4] 神宮英夫（1989）時間知覚の内的過程の研究，風間書房．
[5] 西藤栄子・神宮英夫：雰囲気の時系列評価とその問題点，第16回日本感性工学会大会予稿集，F63，2014．
[6] Jingu, H. Time series judgments in Kansei evaluation. Kansei Engineering International, Vol.2, 1-4, 2001.
[7] 西藤栄子・神宮英夫：感性情報処理としての雰囲気の特定，第12回日本感性工学会大会予稿集，3E1-3，2010．
[8] 西藤栄子・神宮英夫：雰囲気を官能評価するための試み，日本官能評価学会誌，17，1，pp.36-43，2013．
[9] 西藤栄子・神宮英夫：連続的時系列評価における曲線描画法の可能性，平成29年度日本人間工学会関西支部大会講演論文集，pp.77-80，2017．
[10] 西藤栄子・熊王康宏・神宮英夫：雰囲気の感度分析による評価値と生理的反応との対応性，第15回日本感性工学会大会予稿集，C52，1-3，2013．
[11] Saito, E., Kumaoh, Y., Jingu, H.：Difference in affective information processing to the atmospheres of wedding party between high and low sensitivity participants, International Journal of Affective Engineering, 12, 3, pp.361-364, 2013.
[12] 西藤栄子・神宮英夫：雰囲気の時系列官能評価 —感動曲線描画法の有用性—，日本官能評価学会誌，19，1，pp.20-28，2015．
[13] 西藤栄子・神宮英夫：効果的な状況設計のための時系列感性評価の可能性 —「感動曲線描画法」による評価と気分の効果—，日本感性工学会論文誌，16，1，pp.1-7，2017．
[14] 山口静子：マグニチュードエスティメーション考，日本官能評価学会誌，5，2，129-135，2001．
[15] 西田春彦・新睦人：社会調査の理論と技法，川島書店，東京，pp.109-115，1979．
[16] 梅津八三他監修：心理学事典，pp.130-133，平凡社，1997．
[17] Algom, D. & Marks, L.E.：Memory psychophysics for taste, Bulletin of the Psychonomic Society, 27, 3, pp.257-259, 1989.

第7章 曲線描画法によるドローン映像の感性評価

　本章では，ドローンの歴史と規制法，海外市場なども報告しながら，ドローンによる映像表現の技法について感性評価手法を駆使し，メディア関連でのカメラワークにおいて，感動できるドローンの有効な撮影方法について曲線描画法を用いて明らかにできた事例を紹介する。

　ドローンによって撮影されたカメラワークの異なる映像を感性評価し，この結果を因子分析することにより，上昇していく映像が感動をもたらすことが把握できた。この上昇する映像を感性評価した結果を，曲線描画法により分析することで，田園風景が広がり始める風景に感動していたことを明らかにでき，今後のドローン撮影に関わる新たな知見を得ることができた。また，単純に上昇していく映像ではなく，ズームイン・ズームアウトといった複雑な操縦方法を必要とする映像では，見る人にとっても感動に絶対的な違いがあることが確認できた。ここでは，映像表現における曲線描画法の可能性について解説する。

7.1 はじめに

　現在，メディアで取り扱われている映像のなかに，ドローンで撮影したものがある。ドローンの映像は，人が鳥瞰的に風景などを見ることにより幻想的な感覚を抱くこともあり，映画などでも頻繁に用いられている。通常では見ることのできないドローンによる映像を目の当たりにしたとき，人々は感動し，その印象を記憶のなかに留めている。

　一般的に，ドローンはマルチコプターの俗称であり，飛行時の音が蜂に似ていることに由来している。改正された航空法において，ドローンは「無人航空機」[1]と定義されている。

　日本では，ドローンが首相官邸に侵入した事件をきっかけとして注目され始めたが，本来は軍事利用の目的で開発された経緯がある。技術の発展に伴い，小型カメラを搭載した偵察などの機能も備えて，世界的にも実戦配備されたこ

ともある．こうした理由から，ドローンの取り扱いは，日本における航空法においても厳格に決められている．

　航空法では，空港周辺・人口集中地区（DID：Densely Inhabited District）の上空は規制があり，その他飛行可能な場所であっても，150 m 以上の上空は飛行禁止となっている．人口集中地区のような制限区域，農薬散布，外壁確認，測量など産業用途[2]で使用する際，国土交通大臣の承認を受けなければならない状況も生じる．

　許可・承認を得るための飛行訓練において，200 g 以下のドローンを操縦することがある．ドローンスクールのような飛行訓練場では，まず 200 g 以下の機体で操縦を積み重ねることが推奨される．200 g 以下の機体は航空法の制限を受けず，機体が軽量であること，GPS（全地球測位システム，Global Positioning System または Global Positioning Satellite）などの機能が少ない機体がほとんどであることからも，初心者にとっては操縦が困難であり，訓練用としては非常に適しているようである．建物が隣接しており，GPS などの機能が使用できない状態のときには，こうした訓練が役立つこともある．日本では，一般的に"プロポ"と呼ばれる送信機が「mode 1」という設定になっており，この送信機の設定を習熟させる意図もある．200 g 以下のドローンは"トイドローン"と呼ばれ，訓練用に適していることからも，その需要は拡大している．

　こうしたドローンにより撮影された臨場感あふれる映像表現の感動度合いを把握する必要性があり，これまでの感性評価手法では，映像全体に対する評価が用いられている．シーンごとに区切られた映像であっても，評定尺度法により感性評価した場合は，映像全体を見終わった段階で評価することになり，どの時点で感動しているのかなどを把握することは困難である．映像は，時系列で展開されているがゆえに，映像の時間的変化を適切に評価するための手法を考えなければならない．そのためには，時系列評価を特徴とする曲線描画法[3][9]により，映像に関して感性評価の研究を進める必要がある．曲線描画法とは，評価シートに対してパネルが感じたままの評価を曲線として自由に描き，これをデジタル画像化した上で数値化することにより解析する方法である．従来の感性評価では，"もの"を評価する場合，記憶に基づきいくつかの評価項目に対して評価する．つまり，各評価項目に対して，全般的な評価を記憶に依存して評価していることになる．しかし，曲線描画法を用いることで，

重要な 1 項目，たとえば「感動」のような，より抽象的で記憶に依存すること が困難な評価であっても，時系列単位で，どの部分（場面・工程）の評価が高 いのかなどを把握できる特徴がある。

　メディアで放映されている映像では，その映像表現におけるカメラワークと して，ズームインあるいはズームアウトなどの技法が用いられ，構成されてい る。コマーシャルなど短い時間で感動を与える必要がある映像が多いなかで， こうしたカメラワークの組み合わせにおいて，どのような構成が人に感動をも たらすのかを明らかにする必要がある。

　本章では，実際にドローンにより撮影した単純なカメラワークの映像を感性 評価してもらい，その結果を因子分析することで感動するカメラワークを抽出 する。この得られた結果を曲線描画法により分析し，特定できたカメラワーク において，どのような映像が感動をもたらすのかを明らかにする。さらに，複 雑なカメラワークにより撮影した映像を感性評価してもらい，曲線描画法によ り分析し，絶対的に感動の異なるカメラワークの組み合わせが，どのような映 像であったのかを明らかにした事例を紹介する。

7.2 感性評価による映像表現

7.2.1 方法

　ドローンを操縦して撮影する場合，一般的に，操縦方法が簡単なカメラワー クは上下方向における上昇・下降である。ほとんどのドローンによる映像は， 基本的にはこのカメラワークであるように思われる。そこで，評価のサンプル は 3 つの映像として，上下方向に垂直に上昇・下降する状態と，回転しなが ら上昇する，いずれも 20 秒間の映像とした。映像の編集には iPad pro 付属の iMovie を用いた。撮影は静岡産業大学経営学部のグラウンドで，晴天の 13 時 より行った。

　評価の方法は 5 段階評価尺度を用いた。評価項目は，カメラワークに関す る評価項目[10]となる「好き」「臨場感」「自然な」「きれい」「心地よさ」「迫 力」「穏やかさ」「リラックス」「見やすさ」「スピード感」「滑らかさ」「鮮明さ」 に，「感動」を加えた合計 13 項目を設定した。パネル 20 名（男性 11 名，女

性9名）に対し，選定した13項目の評価項目について感性評価してもらった。パネルにはサンプルとなる映像をそれぞれ見てもらい，感じた度合いを各評価項目に対して評価してもらった。各サンプルの映像をパネルに提供する際，Hisense 社製 55 インチモニタ（121.6×68.6 cm）を使用し，モニタ中央部分が 115 cm の高さで，画面からパネルまでの距離を 204 cm に設定した。

評価尺度とその得点は，感じない（1），あまり感じない（2），少し感じる（3），かなり感じる（4），とても感じる（5）とした。

評定尺度法による評価実験で用いる解析方法は因子分析である。因子分析については JUSE-StatWorks/V5 を用いた。

曲線描画法では，因子分析の結果で最も評価されたサンプルについて，あらかじめ用意した評価シートに対して，パネル10名が感動した評価を曲線として自由に描いてもらった。曲線は Huion 社のトレースボードを用いて描いてもらい，その曲線をデジタル画像化し，画像解析ソフトである"Graphcel"を用いて数値化し平均値を算出した。

パネルには，実験後も含めて，どのような目的なのかなど，実験に関わる情報は一切提示しなかった。

7.2.2 結果と考察

因子分析の結果，第3因子までの因子負荷量と因子得点を得た。このときの累積寄与率は 56.4% であった（表 7.1）。評価項目における絶対値の最大を確認し，各因子を解釈した。因子1は「きれい」「穏やかさ」「リラックス」「見やすさ」「鮮明さ」が，因子2は「臨場感」「迫力」「見やすさ」が，因子3は「好き」「自然な」「心地よさ」「滑らかさ」「感動」が，各因子を構成している評価項目であることが確認できた。これにより，因子1は"洗練された美しさ"を，因子2は"押し迫る臨場感"を，因子3は"温もりのある感動"をそれぞれ意味していると考えられる。

共通度が 0.6 以上の値を示し，3つのサンプルに共通して感じられている評価項目は「心地よさ」「リラックス」「感動」であった。これは，パネルが映像を見たときに，リラックスして心地よく感動していると評価していると考えられる。日常的には見ることのできない映像を体験することで，パネルは心地よ

表 7.1 映像の感性評価における因子分析結果（因子負荷量，寄与率，累積寄与率，共通度）

評価項目	因子1 「洗練された美しさ」	因子2 「押し迫る臨場感」	因子3 「温もりのある感動」	共通度
好き	0.343	0.462	**0.478**	0.560
臨場感	0.000	**0.695**	0.114	0.496
自然な	0.441	0.130	**0.447**	0.411
きれい	**0.642**	0.248	0.342	0.591
心地よさ	0.592	0.045	**0.675**	**0.808**
迫力	0.089	**0.891**	0.096	0.811
穏やかさ	**0.755**	−0.108	0.063	0.585
リラックス	**0.790**	−0.066	0.118	**0.642**
見やすさ	**0.665**	0.244	0.189	0.537
スピード感	−0.026	**0.635**	0.372	0.542
滑らかさ	0.059	0.190	**0.477**	0.267
鮮明さ	**0.410**	0.336	0.322	0.385
感動	0.438	0.486	**0.514**	**0.692**
寄与率	0.237	0.187	0.139	
累積寄与率	0.237	0.424	0.564	

くリラックスでき，感動しているものと考えられる。

　因子構造を把握することにより，感動に影響をもたらす評価項目は特定できたが，それぞれのサンプルが，どのように評価されているのかを明らかにする必要がある。そこで，因子1を x 軸，因子2を y 軸とした散布図上に，得られた因子得点の平均を布置した。

　因子得点の平均の散布図（図7.1，図7.2，図7.3）より，上昇する映像に関しては，因子2"押し迫る臨場感"の評価が高い結果となった。とくに垂直に上昇する映像は，因子3"温もりのある感動"で評価が高い結果となった。

　図7.1より，上昇していく映像は因子2で高い評価を得ていた。回転しながらであっても，上昇していく映像を見ることにより，押し迫る臨場感を感じているのであるが，回転せず単に上昇していく映像であれば，洗練された美しさの評価も高いことが確認できた。

これらの結果からも，回転しながら上昇して，視点が変化することにより，感動を受ける度合いが変化している可能性があり，単に上昇していく映像は，3つの因子における側面からも評価が高いことが把握できた。

回転しながら映像を撮影する場合，洗練された美しさを向上させるためには，何らかの美しいと感じるものを映像に入れ込む必要がある。たとえば草木の種類や花の色などを考慮し，撮影対象とすることで，洗練された美しさが向上するものと考えられる。そうすることで，温もりのある感動も相乗して変化し，向上する可能性もある。

プロモーションビデオなどの映像を制作する際，視点があまり変化しない単なる垂直上昇の映像であれば，"もの"の特徴を感動的に伝えることができると考えられる。また，回転させて風景を変化させるような場合であっても，ゆっくりとしたカメラワークにより臨場感と感動を同時にもたらすことが可能になると考えられる。

上昇する映像に対して，パネルは"温もりのある感動"をもたらされていたため，この映像に関して，カメラワークのどの部分に感動してい

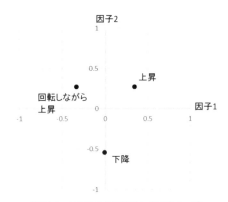

図 7.1　因子得点の平均（因子 1, 2）

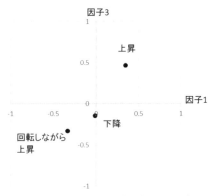

図 7.2　因子得点の平均（因子 1, 3）

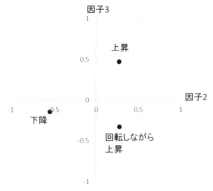

図 7.3　因子得点の平均（因子 2, 3）

るのかを曲線描画により評価してもらった。こうして得られた感性評価の結果を平均した結果，9.625秒時の映像で感動が最高値を示した（図7.4）。このときの映像は，図7.5に示したように，大学の校舎を見下ろし，これから磐田市内の風景が広がる直前の状態であった。このように，カメラワークとしては，景色が広がり始めるときが感動をもたらすことが，曲線描画法の結果から明らかとなった。このように幾何学的なデザインである建築物から，自然の風景が見えるような映像では，景色が広がり始める直前の状態が最も感動する場面であり，こうしたカメラワークが今後，種々のメディアで貢献できると考えられる。

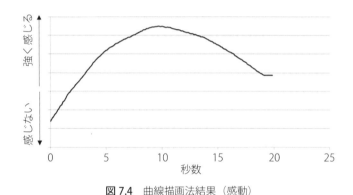

図7.4　曲線描画法結果（感動）

図7.5　感動する映像箇所

曲線描画法によって，パネルに対して制約条件を少なくし，自由に評価してもらうことにより，感動という曖昧な評価においても，これを感じる時点を抽出できた．

ドローンによって撮影されたカメラワークの異なる映像を感性評価した．この結果を因子分析することにより，上昇していく映像が感動をもたらすことが把握できた．この上昇する映像を感性評価し，曲線描画法により分析することで，どの部分に，どの程度感動していたのかを明らかにでき，ドローンに関わる新たな知見を得ることができた．

単調なカメラワークだけの映像表現だけではなく，複雑な操縦方法が必要とされるズームイン・ズームアウトといった映像表現では感動がどの程度異なるのかを把握する必要がある．

7.3 複雑なカメラワークによる感動の違い

7.3.1 方法

本研究では，実際のドローン映像を撮影するために，DJI 社製の Mavic Pro を用いた．Mavic Pro に搭載されるカメラの動画撮影では，画素設定を 4K：3840 × 2160（24/25/30 p）とした．撮影サンプルは，「浜松市立青少年の家」における桜を動画により撮影した．

評価のサンプルは 3 つの映像で，桜の木を対象にズームアウトしていく映像（図 7.6：サンプル A），上昇していく映像（図 7.7：サンプル B），ズームインしていく映像（図 7.8：サンプル C）とした．サンプル A，B，C は，いずれも約 10 秒間の映像とし，3 つのサンプルを組み合わせて 6 通りの構成サンプルとした．映像の編集には iPad pro 付属の iMovie を用いた．

パネルは 20 代前半の男女 30 名ずつ，合計 60 名とし，各構成のサンプルに対して 10 名ずつ視聴してもらった．視聴後，感動の度合いを，時系列において曲線により描画してもらった．曲線描画には Graph Drawing を用いた．

各構成サンプルの映像をパネルに提供する際，Hisense 社製 55 インチモニタ（121.6 × 68.6 cm）を使用し，モニタ中央部分が 115 cm の高さで，画面からパネルまでの距離を 204 cm に設定した．

図 7.6　サンプル A

図 7.7　サンプル B

図 7.8　サンプル C

7.3.2　結果と考察

構成された6通りの映像について，得られた曲線描画の数値をサンプルごとに分け，サンプルA，B，Cの平均値と標準偏差を算出した（図7.9）。その結果，サンプル間の感動に変化は見られなかった。これは，サンプル単体では感動の差が生じていないことを意味している。

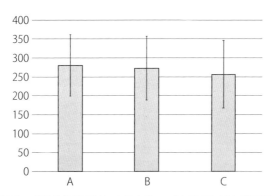

図7.9　感動曲線描画法による各サンプルの平均値と標準偏差

各サンプルを組み合わせて6通りの映像に構成し，感動の度合いを曲線描画法により回答してもらった数値の平均値を，映像の組み合わせごとに算出した（表7.2）。構成サンプル全体で感動に対する評価平均値が高かったものはサンプルBCAで，低かったものはサンプルCBAの組み合わせであった。

得られたデータを平均しグラフ化した結果（図7.10）から，サンプルACB，CAB間の一部に距離が見られたため，これらの2構成に絶対的な違いが見られるかどうかを確認する必要がある。そこで，これら2つの構成サンプルについて95%信頼区間を算出し，どの程度の違いが生じているのかを確認した。

表7.2　各構成サンプルの平均値

サンプル	評価平均値
BCA	287.6
ABC	271.9
CAB	271.8
ACB	269.1
BAC	267.6
CBA	250.9

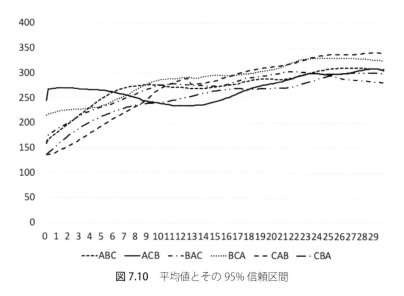

図 7.10　平均値とその 95% 信頼区間

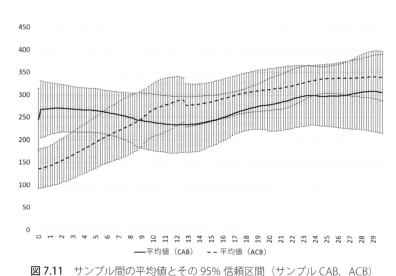

図 7.11　サンプル間の平均値とその 95% 信頼区間（サンプル CAB，ACB）

図 7.11 より，最初の約 3 秒間においては，絶対的な違いがあることが確認できた．最後に上昇する映像を提示する場合，ズームインの映像とズームアウトの開始約 3 秒間では感動に違いが見られ，ズームインしていく映像が，より

感動をもたらしやすいということを示唆していた。この2つの構成サンプルを検証すると，桜の木に近づき，その後離れ，上昇していくようなストーリーが構成サンプルCABにはあると考えられる。人は，記憶のなかで感動を想起する場合，最後に提示する映像が同じであっても，ストーリー性のある映像構成であれば，より感動しやすいのであろう。

7.4　おわりに

　ドローンを用いて撮影したカメラワークの異なる映像を感性評価し，この結果を因子分析することにより，上昇していく映像が感動をもたらすことが把握できた。上昇する映像を感性評価し，曲線描画法により分析することで，どの部分に，どの程度感動していたのかを明らかにでき，ドローンに関わる新たな知見を得ることができた。また，ドローンによる映像を曲線描画法により感性評価してもらった結果，ズームイン・ズームアウト・上昇といったそれぞれの単体での映像では，感動に変化が見られなかった。これらの映像について提示順序を変えて構成した結果では，一部分に感動の違いが見受けられた。

　記憶のなかで想起する感動は，ストーリー性のある映像に対して，より感動しやすいということが明らかとなった。

　本研究によって得られた"感動するカメラワーク"によって，大学案内など種々のPRビデオを制作し，一定の評価を得ている。とくに，市町村における地域の活性化について，その特徴を紹介する内容が多く，これからもこうした映像表現について研究を進めていきたい。

謝辞：本研究に際し，航空自衛隊浜松基地に撮影に関してご協力いただき，深謝いたします。金沢工業大学副学長教授神宮英夫先生には，曲線描画法のソフトであるGraph Drawingを利用させていただき，また，ご指導賜りまして，御礼申し上げます。

参考文献

［1］森・濱田松本法律事務所ロボット法研究会：ドローン・ビジネスと法規制, 清文社（2017）
［2］関口大輔, 岩崎覚史：ドローンビジネス参入ガイド, 翔泳社（2017）
［3］西藤栄子, 神宮英夫：雰囲気の時系列評価とその問題点, 第16回日本感性工学会大会予

稿集,F63,pp.1-3(2014)
[4] 西藤栄子,神宮英夫:状況設計に必要な雰囲気の評価とそれに関係する気分,平成 27 年度日本人間工学会関西支部大会講演論文集,pp.75-78(2015)
[5] 西藤栄子,神宮英夫:雰囲気の時系列官能評価 ―感動曲線描画法の有用性―,日本官能評価学会誌,19,pp.20-28(2015)
[6] 西藤栄子,神宮英夫:効果的な状況設計のための時系列感性評価の可能性 ―「感動曲線描画法」による評価と気分の効果―,日本感性工学会論文誌,16,pp.1-7(2017)
[7] 熊王康宏:時系列感性評価における曲線描画法の必要性,日本感性工学会大会予稿集,C11,pp.1-2(2017)
[8] 西藤栄子:曲線描画法の可能性,第 19 回日本感性工学会大会予稿集,2017.
[9] 神宮英夫:曲線描画法の心理学的背景,第 19 回日本感性工学会大会予稿集,2017.
[10] 財団法人デジタルコンテンツ協会:動画映像の視覚評価に関する調査研究 ―動画映像の時間軸再生に関する感性的評価―,報告書,pp.19-95(2008)

第8章 街歩き旅行支援アプリケーション

8.1 はじめに

　観光産業は世界規模で高い成長を続けている産業の一つである。世界観光機関（UNWTO）では，世界の国際観光客数が，2020年までに14億人に達すると予測している[1]。日本においても，2007年に830万人であった訪日外国人数が，この10年間で3.5倍にあたる2870万人に増加している[2]。このようななか，観光や旅行に関するWebベースのサービスや携帯端末向けのアプリケーションソフトウェアが普及している。複数の観光名所を巡る目的地志向の旅行において，観光名所に関する情報やこれらの名所を巡る効率的な経路を検索することは，日常的なものとなった。このような目的地志向の旅行に対して，コンテクストを考慮した適切な情報提示や経路設計を行うシステムも広く研究されている[3][4]。

　一方，近年では，とくに目的地を定めず，街を探索したり，気になった店に入ったりすることで，街の雰囲気や何気ない日常の景色を楽しむ「街歩き」という観光形態が注目されている。街歩きにおいては，途中で迷い込んだ路地や偶然発見したユニークな店など，たとえそれが有名な観光名所でなくとも，その発見やそこでの体験自体が旅の思い出を形成する要因につながる。このことから，目的地志向の従来型の観光と異なり，街歩きの醍醐味は移動する過程に存在するといえる。そのため，従来のような観光名所に関する情報提示や移動の効率化による支援は街歩きに対しては適切であるとはいえない。むしろ，旅行者の主体的な行動に起因する発見や体験の機会を奪っているといえる。街歩きにおいては，移動過程を楽しむための支援が望ましいと考えられる。

　本章では筆者らがこれまでに提案してきた，旅行者の街歩きを支援する2種類のアプリケーションを紹介する。旅行者の周囲の街並みの雰囲気を可視化して旅行者に提示することによって，旅行者の注意を周囲の環境へ向けさせる。これを旅行者の主体的な行動に起因する発見や体験のきっかけとし，街歩きの

価値向上を目指す．実装したアプリケーションを用いた街歩き実験を通して，街歩き支援アプリケーションにおける，雰囲気可視化の効果について検証するとともに，適切な雰囲気情報の提示量について議論する．

8.2 関連研究

8.2.1 地理的情報の可視化

地理的情報の可視化に関する研究はこれまでに多く報告されている．大羽ら[5]は，土地の地理的な種別の分類を目的とした地図の彩色システムを構築した．このシステムは，ジオタグ付き写真から，市街地，公園などの風景の特徴に基づいた地理的なクラスタを抽出し，各クラスタをそのクラスタ内に含まれる写真から抽出された地面色で彩色したものである．また，王ら[6]は，旅行を計画するユーザを対象とした観光マップを提案した．この観光マップでは，Webから収集された大量のジオタグ付き写真をもとに，地図上が複数のクラスタに分割・彩色されている．さらに，それぞれのクラスタを町，森，水辺，山などの風景カテゴリに分類してアイコンで表示することで，ユーザが旅行先の地域がどのような風景で構成されているのかを理解することを可能にした．Kurata[7]は，Web上の写真に付加されたジオタグ情報をもとに，写真撮影が多く行われている場所を抽出し，ヒートマップとして可視化している．一方，McGookinら[8]は，街中をランニングするユーザを対象に，周囲の情報をスマートウォッチに可視化して提示するアプリケーションRunNavを提案した．ユーザの周囲を複数の区域に分割し，それぞれの区域について，ランニングへの適性度をネガティブ，ポジティブ，ニュートラルに分類・彩色している．

このように，旅行者にとって情報の可視化は周囲の把握や意思決定の際の有効な手段の一つとなりうる．ただし，これらの研究における可視化はその土地の物理的情報などに基づく可視化であり，街並みの雰囲気を扱ったものではない．

8.2.2 感性情報の有用性

街歩きは徒歩による旅行であるため，旅行者は些細なきっかけによって主体的に街歩き経路を変えることが考えられる．この些細なきっかけの一つに街並みから受ける印象があげられる．木村ら[9]は歩行者が歩いてみたいと思う遊歩道には安堵感や非日常的といった印象が存在すると分析している．また，松原ら[10]は「楽しい」と感じた地点を他者と共有できるシステム HappyCity を提案している．システムの利用者は街のなかで楽しいと感じた場合に，それを携帯電話上のシステムを用いて発信する．この情報はサーバに蓄積され，システムの画面上に可視化される．これにより，そのとき，街のなかのどこが楽しいと感じる場所であるかを知ることが可能となる．

これらの研究における「安堵感や非日常的な印象」や「楽しい」といった要素は感性情報と捉えることができる．そして，この感性情報の提示が歩行者に行動の選択肢を示し，旅行者の主体的な行動を導くきっかけとして機能することがわかっている．

8.3 感性街歩きマップ

8.3.1 設計・実装

筆者らが提案した感性街歩きマップ[11]は，10種類の街並みの雰囲気可視化地図を閲覧できるアプリケーションである．筆者らによるイメージ構造可視化手法[12][13]を，街並みのイメージ構造可視化に応用することにより，京都の市街地全体の雰囲気の分布を色彩の違いやその濃淡によって可視化したものである．これにより，旅行者は各街並みの持つ雰囲気やその強弱，雰囲気のつながりや変化を視

図 8.1 感性街歩きマップ

覚的に把握することができる。

図8.1にタブレット型PCに実装された感性街歩きマップを示す。画面右下に「現代的な-伝統的な」といった印象語対が表示されており，雰囲気が印象語対の左側の印象に近い街並みほど濃い青色，印象語対の右側の印象に近い街並みほど濃い赤色が地図上に重畳表示される。印象語対をクリックすることで全10種類の印象語対の一覧が表示され，可視化する雰囲気情報を切り替えることが可能である。通常の地図アプリケーションと同様，地図の拡大・縮小，スクロールの機能も実装されている。また，目印や経路など，街歩きに必要な情報を地図上に直接書き込むことが可能なメモ機能も用意されている。

8.3.2 街歩き実験

感性街歩きマップによる雰囲気可視化情報が旅行者の行動や意思決定に与える効果を調査する目的で，感性街歩きマップを用いた実験を行った。実験に使用したエリアは京都市内の2つのエリア（西エリア，東エリア）であり，それぞれ東西0.9km，南北1.2km程度の範囲である。西エリアは東西を河原町通と烏丸通で囲まれた市街地エリアであり，錦市場や寺町通など多くの商店が並ぶ通りが存在する。一方，東エリアは東西を東大路通と河原町通で囲まれたエリアであり，祇園地区などの歴史的街並みが含まれる。参加者は，京都およびその近郊に居住歴がなく，少なくとも過去2年以内に京都への旅行経験のない，大学生8名である。各参加者は友人同士2名1組で4グループ（グループA〜D）を形成し，グループごとに，事前の街歩き計画と現地での街歩きの2段階を実施した。一方のエリアでは本アプリケーションの雰囲気可視化情報を使用する条件で，もう一方のエリアは雰囲気可視化情報を使用しない条件で実験を行った。

事前街歩き計画において，各グループは感性街歩きマップと市販のガイドブックに綴じ込まれている観光マップの2種類を使用し，各エリアについて10分程度で事前街歩き計画を行った。なお，雰囲気可視化情報を使用しない実験条件のエリアについては，感性街歩きマップの雰囲気可視化情報を非表示とした。

現地への到着後，各グループは事前の街歩き計画を参考にしながら，各エリ

アにおいて 90 分間の街歩きを行った。出発地点と目的地点以外は必ずしも事前の計画どおりに街歩きをしなくてもよいものとした。各グループにタブレット型 PC に実装した感性街歩きマップと，事前街歩き計画と同様の観光マップを提供した。参加者の街歩き経路は GPS ロガーによって記録した。また，実験者が参加者から一定の距離を置いて同行し，参加者の街歩き時の行動をビデオカメラによって記録した。

8.3.3 実験結果

事前街歩き計画では，グループ D を除く全グループが，感性街歩きマップや観光マップを参照して訪問したい場所を探し，それに合わせて街歩きの経路を検討するという作業を行った。このとき，雰囲気可視化情報を使用しない条件では，地図上に表示された観光地名に注目して訪問したい場所を探すという行動が多く見られた。一方，雰囲気可視化情報を使用する条件では，それに加え，地図上の色彩の変化から興味のある場所や行ってみたい通りを探すという行動も確認された。たとえば，グループ A は人の少ないエリアを歩きながら寺院などを見て回りたいという希望を持っていた。そのため，西エリアでは，感性街歩きマップで「静かな」の雰囲気可視化情報を参照した。そして，小さな寺院が並び，周囲と比較して「静かな」雰囲気を持つ通りを目的地点までの経路として選択した。

現地での街歩きにおいては，事前に街歩き経路を検討したグループ A〜C は，その経路に基づいて街歩きを行った。ただし，街歩きの途中で雰囲気のある通りや興味深いものを見つけた場合など，その場で経路を変更して街歩きを行うこともあった。街歩き実験中，すべてのグループにおいて，図 8.2 のように頻繁に感性街歩きマップや観光マップを確認する様子が見られた。

図 8.2 街歩き中の参加者の様子

しかし，これらは現在地や進行方向の確認作業のために利用されることがほとんどであった．感性街歩きマップの雰囲気可視化情報の利用については，祇園エリアにおいて，実際に見える街並みから受ける雰囲気と雰囲気可視化情報を比較するという行動が確認された．

8.3.4 考察

事前計画時と街歩き時を比較すると，感性街歩きマップの雰囲気可視化情報は，事前計画時において，より多く参照される傾向があった．このような街歩き時における雰囲気可視化情報の使用頻度の低下の原因として，計画時と街歩き時で，優先される情報が変化したことが考えられる．事前計画時は，訪問場所に関する情報の入手は，地図上の地名や観光地名，それらの写真などに限定される．このため，ユーザ自らが，その場所についてのイメージを形成することは難しい．ここで，雰囲気可視化情報は，ユーザの訪問場所に対するイメージ形成の補助に効果を発揮したといえる．一方で街歩き中は，これらの情報に加え，ユーザ自身が周囲の風景や音，匂い，人の流れといった情報を直接取得することが可能である．そのため，街歩き中は，可視化情報による雰囲気より，実際に感じ取った街並みの雰囲気が優先される結果となったといえる．

ここで，各グループ間の街歩きの経路について考察する．雰囲気可視化情報を使用しない条件では，グループ間で類似した経路の街歩きとなった．いずれのグループにおいても本能寺，鴨川河川敷が共通して経路に含まれている．そこで，各グループ間の街歩きの経路の類似度を，以下の式で定義される経路重複率 $overlap_r$ によって検証した．

$$overlap_r = \frac{o_r}{d_r}$$

ここで，d_r は経路 r の道のり（m），o_r は経路 r のうち他の街歩き経路と重複する区間の道のり（m）である．各グループ・各条件における経路重複率を図 8.3 に示す．ここで，事前街歩き計画時に具体的な計画を立てなかったグループ D を除くすべてのグループにおいて，雰囲気可視化情報を使用する条件では，可視化情報を使用しない条件と比較して，経路重複率が低くなることが確認された．

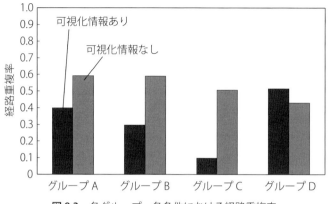

図 8.3　各グループ・各条件における経路重複率

　本能寺や鴨川の名称は比較的広く知られているため，このような場所は地図上で注目されやすい．これは，とくに雰囲気可視化情報を使用しない条件において顕著である．そして，各グループはこのような場所を効果的に巡るような経路を選択したため，可視化情報を使用しない条件では，各グループの経路が類似するという結果になったものと考えられる．一方，可視化情報を使用する条件では，各グループの街歩きの経路や範囲はそれぞれ異なるものであった．雰囲気の強弱が色彩やその濃淡で提示されることにより，通常の観光マップでは注目されにくい比較的知名度の低い場所や通りにも注目が集まり，その場所を訪問するという計画や行動につながったものと考えられる．以上の結果から，街歩きマップで雰囲気可視化情報を提示することは，参加者の街歩きにおける行動範囲やそのバリエーションの拡大に効果があることが示唆された．

8.4　雰囲気コンパス

8.4.1　設計・実装

　雰囲気コンパス [14] は，旅行者の近辺に存在する特徴的な雰囲気を持つ街並みを可視化して提示することで，旅行者の意識を周囲の環境に向けさせるためのトリガとしたスマートフォンアプリケーションである．地図情報をあえて用いず，特徴的な雰囲気の街並みの位置や広がりのみの限られた情報提示によ

り，旅行者の主体的な探索行動を促す．

雰囲気コンパスの外観を図8.4に示す．画面中央にコンパスを配置し，コンパス内部の円形領域に特徴的な雰囲気を持つ街並みを可視化する．この領域は旅行者の現在地を中心とした半径 160 m のエリアに対応しており，7.8 m × 7.8 m に対応するセルを最小単位として「日常的−非日常的」「快適−不快」「雑然−整然」の 3 対の雰囲気がそれぞれ色別に表示される．また，円形領域内には 40 m 間隔で旅行者からの距離を示す等距離線が表示され，画面上部には雰囲気と色の対応が表示される．

図 8.4　雰囲気コンパス

アプリケーションは毎秒 1 回の頻度で GPS から位置情報を取得し，半径 160 m 領域内に存在する特徴的な雰囲気を持つ街並みの可視化を更新する．そして，最寄りの特徴的な雰囲気を持つ街並みまでの距離が 120 m 以下となった場合，それを振動によって旅行者に通知する．また，通知対象となる街並みのセルが明滅する．この通知は，解除スライダを操作するか，最寄りの特徴的な雰囲気を持つ街並みから 160 m 以上離れることで解除される．なお，解除スライダで通知を解除した場合，アプリケーションは解除時に通知対象であった街並みに対して再通知は行わない．旅行者が特徴的な雰囲気を持つ街並みに到達した場合，それを旅行者に振動で通知する．到達後 300 秒間は，アプリケーションは新たな通知を行わない．

8.4.2 街歩き実験

雰囲気コンパスによる街並みの雰囲気情報の提示が旅行者の街歩きに与える効果を調査するため，実装したアプリケーションを用いた街歩き実験を行った．実験に使用したエリアは，「感性街歩きマップ」の実験を行ったエリアと同様，京都市内の2つのエリア（西エリア，東エリア）である．参加者は京都に居住歴がなく，過去2年以内に京都への旅行経験のない大学生8名であり，「感性街歩きマップ」の実験参加者とは異なる．友人同士2名1組で4グループ（グループA～D）を形成した．一方のエリアでは雰囲気コンパスを使用する条件で，もう一方のエリアはこれを使用しない条件で街歩きを行った．各エリアにはあらかじめ出発地点と到着地点を設定し，その間の移動経路は各参加者に一任した．街歩き時間は各エリア75分に設定した．実験開始前に，各グループに雰囲気コンパスがインストールされているスマートフォンと紙の地図を提供した．実験中，スマートフォン上のその他のアプリケーションについて，使用の制限はしなかった．参加者の移動経路と会話は，それぞれGPSロガーおよびボイスレコーダを用いて記録した．また，参加者から一定の距離を置いて，参加者の街歩きの行動をビデオカメラで記録した．

8.4.3 実験結果

雰囲気コンパスを使用した条件下での街歩きでは，全グループに共通して，街歩きの途中にアプリケーションの画面を参照する様子が確認された．また，参加者が画面に提示された特徴的な雰囲気を持つ街並みに注目し，経路を変更した事例も複数確認された．そのため，特徴的な雰囲気を持つ街並みをたどるような経路の街歩きが多く見られた．街歩き中には雰囲気コンパスの雰囲気情報の提示をきっかけに周囲を見回し，建造物や街並みについて会話を行う様子や写真撮影を行う様子が頻繁に確認された．たとえばグループCでは，周囲の店舗や街並みを見て，一方の参加者が「ああ，そういう感じのところなんだね，ここは……」ともう一方の参加者に話しかけた．そして，もう一方が「ねー」と反応すると，最初の参加者がアプリケーションの画面を参照しながら「あらら……不快とか出てない？」と発言した．このような，周囲の雰囲気を意識した行動は他にも複数確認された．

8.4.4 考察

各グループのビデオやボイスレコーダの記録から，参加者間の会話や写真撮影量を定量化した．各グループの全実験時間を 10 秒区間ごとに区切り，各区間において会話や写真撮影が見られた場合にはラベル付けを行った．街歩き行程全区間に占める，会話および写真撮影のラベル付けがされた区間の割合を図 8.5 に示す．

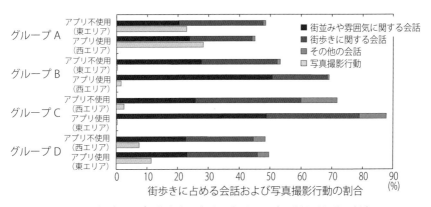

図 8.5 各グループの街歩きに占める会話および写真撮影行動の割合

雰囲気コンパスを使用しない条件下の結果を見ると，グループ A, D は，会話の割合は少ないものの写真撮影行動が多く，街歩き中は写真を撮影することが比較的好きなグループと見ることができる．なお，グループ D の参加者は私物の一眼レフカメラを持って実験に参加したことから，写真へのこだわりが強いことが予想される．それに対し，グループ B, C は写真撮影行動の割合が極めて少なく，会話が高い割合を占めていることから，写真を撮ることよりもしゃべることが好きなグループと見ることができる．次に，雰囲気コンパスを使用した条件下での結果をグループの特徴別で見ると，写真撮影行動の割合が高いグループ A, D は，この条件下において街歩き中の写真撮影行動が増えていることが確認された．一方，会話の割合が高いグループ B, C では，この条件で会話全体が増加していることが確認された．とくに，街並みや雰囲気に関する会話については約 2 倍に増えている．

以上を踏まえると，街歩きのスタイルには個人差があり，雰囲気コンパスを使用することで得られた情報が各参加者の興味範囲を拡張させた結果，写真撮影，会話それぞれの行動が増加したと考えられる．この結果は本アプリケーションが街歩きの価値向上に効果があることを示唆している．

8.5　適切な情報提示量に関する検討

仲谷ら[15]は，観光をする際，旅行者に地図などの詳細な情報を提示すると，情報読解のために視線を手元に集中させてしまう問題を提起している．本章で最初に紹介した「感性街歩きマップ」を使用した実験においても，図 8.2 に示したように参加者が頻繁にマップを確認する様子が観察された．一方，2 番目に紹介した「雰囲気コンパス」では，あえて地図情報は削減し，街並みの雰囲気と相対的な位置情報に絞った限られた情報の提示によって旅行者の視線を周囲の環境へ誘導している．そして，この視線誘導が新たな発見や会話，写真撮影行動へとつながっている．これは，川上[16]による「不便益のシステム論」によっても説明できる．また，限られた情報の提示がユーザのセレンディピティ[17]を引き出すことにつながっていると言い換えることもできる．

図 8.6　振動と LED による方向指示により対象の存在を通知するデバイス

筆者らは，これまでも，情報提示量を削減した街歩き支援システムに関する研究を行ってきた。たとえば，図 8.6 に示すデバイス[18]は，旅行者が何らかの発見や体験の機会を得られると予測される地点を，デバイスの振動と LED による方向指示という限られた情報によって通知するものである。このデバイスを使用した街歩き実験においても，定性的な分析によるものではあるが，デバイスからの情報提示により旅行者が周囲に注意を向けた結果，偶発的な発見やそれに伴う会話が発生するといった事例が観察された。

このデバイスと本章で紹介した 2 種類のアプリケーションが提示する情報の量を比較すると，本章で紹介したアプリケーションは，対象となる街並みの位置情報に加え，街並みの雰囲気情報も提示しており，ユーザに提示される情報の量は比較的多いシステムであるといえる。一方で，上述のデバイス[18]は，対象の位置情報を確認する画面を持たないため，少ない情報提示によるシステムであるといえる。このように，これらのシステムの間で，情報提示の程度に差がある。しかし，参加者間の会話や写真撮影行動などの効果について顕著な差は見られなかった。

今後，可視化情報提示の程度が旅行者の行動に対してどのような影響を及ぼすかを検討・分析する必要があると考える。さらに，ユーザの特性やコンテクストに応じた適切な情報の提示量についての検討も必要である。これにより，たとえば，従来型の旅行には慣れているが，街歩きのような主体的な経路選択を伴う旅行に慣れていないユーザに対しては，提示する情報の量を増やし，一方でセレンディピティと呼ばれる能力が高い街歩きに慣れたユーザに対しては提示する情報量を減らす，といった応用も可能となる。

8.6　おわりに

本章では，筆者らがこれまでに提案してきた 2 種類の街歩き支援アプリケーションを紹介した。これらのアプリケーションは，街並みの雰囲気を可視化して旅行者に提示することによって，旅行者の意識を周囲の環境に向けさせるという設計に基づくものである。実装したアプリケーションを用いて実施した街歩き実験の結果，街歩き支援アプリケーションにおける街並みの雰囲気可視化の効果として，以下に示す 3 つの知見を得た。

① 雰囲気可視化情報の提示は旅行者の嗜好や目的に合致する場所の発見を容易にし，それが比較的知名度の低い場所であっても効果がある．
② 雰囲気可視化情報の提示は旅行者の意識や興味を周辺環境に引き付ける効果がある．
③ 雰囲気可視化情報の提示により，撮影行動や会話など，個人の興味に応じた行動が増加する．

今後，これらの街歩き支援アプリケーションを継続的に使用した際の効果についても検証が必要である．また，アプリケーションが提示する適切な可視化情報量についても検討の余地がある．

参考文献

[1] UNWTO, Tourism Highlights : 2017 Edition, 2017.
[2] 日本政府観光局, 年別訪日外客数, 出国日本人数の推移, 2018.
[3] Cheverst, K., Davies, N., Mitchell, K., Friday, A. and Efstratiou, C. : Developing a Context-aware Electronic Tourist Guide : Some Issues and Experiences, Proceedings of the ACM CHI 2000 Conference on Human Factors in Computing Systems, 17–24, 2000.
[4] Gavalas, D., Kasapakis, V., Konstantopoulos, C., Pantziou, G., Vathis, N. and Zaroliagis, C. : A Personalized Multimodal Tourist Tour Planner, Proceedings of the 13th International Conference on Mobile and Ubiquitous Multimedia, 73–80, 2014.
[5] 大羽洋隆, 廣田雅春, 横山昌平, 石川博：ジオタグ付き写真を用いた地図の彩色システムの構築, 第5回データ工学と情報マネジメントに関するフォーラム, E3-4, 2013.
[6] 王佳な, 野田雅文, 高橋友和, 出口大輔, 井手一郎, 村瀬洋：Web上の大量の写真に対する画像分類による観光マップの作成, 情報処理学会論文誌, 52(12), 3588–3592, 2011.
[7] Kurata, Y. : Potential-of-interest Maps for Mobile Tourist Information Services, Proceedings of Information and Communication Technologies in Tourism 2012, 239–248, 2012.
[8] McGookin, D.K. and Brewster, S.A. : Investigating and Supporting Undirected Navigation for Runners, ACM CHI 2013 Extended Abstracts on Human Factors in Computing Systems, 1395–1400, 2013.
[9] 木村一裕, 清水浩志郎, 土田裕子：散歩に利用された道から見た快適な歩行環境に関する考察, 土木計画学研究・講演集, 18(1), 259–292, 1995.
[10] 松原慈, 有山宙, 田内学：GPS機能を使った都市型モバイルコミュニティシステム, 情報処理振興事業協会2002年度成果報告集, 2002.
[11] 木下雄一朗, 塚中諭, 中間匠：街並みイメージの可視化にもとづく感性街歩きマップの構築, ヒューマンインタフェース学会論文誌, 18(1), 45–56, 2016.
[12] Kinoshita, Y. and Nakama, T. : A Proposal of the Kansei Structure Visualization Technique for Product Design, Proceedings of the International Conference on Kansei Engineering and Emotion Research 2010, 324–331, 2010.
[13] Nakama, T. and Kinoshita, Y. : A Kansei Analysis of the Streetscape in Kyoto —An

Application of the Kansei Structure Visualization Technique, Proceedings of the International Conference on Kansei Engineering and Emotion Research 2010, 314-323, 2010.
［14］木下雄一朗，塚中諭，郷健太郎：雰囲気コンパス：街並みの雰囲気可視化にもとづく街歩き支援システム，ヒューマンインタフェース学会論文誌，18(3)，289-298，2016.
［15］仲谷善雄，市川可奈子：偶然の出会いを誘発する観光ナビゲーションの試み，ヒューマンインタフェース学会論文誌，12(4)，439-449，2010.
［16］川上浩司：不便の効用に着目したシステムデザインに向けて，ヒューマンインタフェース学会論文誌，11(1)，125-134，2009.
［17］奥健太：セレンディピティ指向情報推薦の研究動向，知能と情報：日本知能情報ファジィ学会誌，25(1)，2-10，2013.
［18］木下雄一朗，中間匠：旅行者の体験に着目した街歩き支援システムの構築，第7回日本感性工学会春期大会論文集，205-208，2012.

第9章 商品に対する所有感の生起

9.1　はじめに
9.1.1　商品に触ることと所有感の関係

　私たちは買い物をしているとき，商品を手にとって，買うかどうか考えるということがしばしばある。しかし，この商品を手にとるという行為自体に，その商品を買いたくなってしまう効果があることは，あまり自覚していないだろう。これまでの研究において，商品を購入する際，その商品に「触る」という行為は，非常に重要な役割を果たしていることがわかっている[1]。商品に触ることができない状況では，購入を躊躇することもあるかもしれない。それは，商品に触るという行為が，私たち消費者の好みや購買意図を決定する要因であるからだろうか。もし，そうであるならば，触ること以外に，同様の効果を持つものがあるだろうか。オンラインショッピングという形態が急速に普及する近年において，この問いに対する答えは，商品に触ることができない状況での消費者行動を理解する上で，非常に大きな意義を持つ。そこで本章では，商品に触る行為の代わりとして触ることをイメージする場合，どのような効果があるのか，動機づけの影響も加えて検討を行った研究について報告する。

　これまでの研究では，自分の物ではないにもかかわらず，ただ商品に触るだけで，その商品に対する所有感（psychological ownership）が高まることが明らかになっている[1]。この所有感という概念は，物に対して抱く，「自分の物である」という感覚のことである[2]。近年，この所有感という概念は，マーケティングにおいて急速に関心が高まってきている。なぜなら，商品を購入する前，すなわち，まだ実際には所有していないような状態でも所有感は生じるため，その高まった所有感が購買意思決定に及ぼす影響を明らかにすることは，マーケティングに活用したり，消費者行動を説明したりするという点で大きな意義を有するからである。

　さらに，所有感は，しばしば保有効果（endowment effect）と結び付けて扱

われる。保有効果とは，自分が所有するものに高い価値を感じ，手放すことに強い抵抗を感じることである[3]。たとえば，何とも思っていなかったような物でも，期せずして誰かからもらって自分の物になった途端，愛着がわいてきたり，良い物に思えてきたりするといった経験は，誰しも一度はあるだろう。それが，まさに保有効果である。そして，ただ商品に触るだけで所有感が高まること[1]，保有効果は所有感を媒介していること[1][4]が示されている。したがって，商品に触ることで，所有感が高まれば高まるほど，保有効果も大きくなるため，その商品により高い価値を感じるようになる。実際に，商品に触ることができる場合には，触ることができない場合に比べて，よりその商品を購入したくなることも確認されている[1][5][6]。これらの研究結果は，商品に触るという行為が，その商品に対する購買意図を高める上で重要な役割を果たしているということを示している。

9.1.2　マーケティングにおける触るイメージの可能性

　オンラインショッピングでは，購入前に商品に実際に触ることができない状況にある。Peck, Barger, & Webb（2013）では，目を閉じて，商品に触ることをイメージすることで，その商品に対する所有感が高まることが確認されている[7]。そして，その効果は実際に商品に触った場合と同程度であった。さらにPeck et al.（2013）では，触ることをイメージすることで，商品に対するコントロール感（perceived control）が促進され，その結果，所有感が高まることも示されている。これは，所有感が生じる要因を，(a) コントロール感，(b) 知識や親しみ，(c) 自己投資，(d) 刺激であるとした所有感のレビュー論文[2]とも一致している。加えて，Iseki & Kitagami（2016）では，触るイメージが所有感を高める効果は，商品の価格帯にかかわらず頑健であり，所有感が高まることで購買意図も高まることが明らかになっている[8]。つまり，商品に触ることをイメージすると，その商品をコントロールできているという感覚が促進され，その結果，自分の物であるかのような感覚が生じ，その商品を購入したくなるということである。これらの研究結果は，触るイメージが，実際に触る行為の代わりの役割を果たす可能性があることを示唆している。

9.1.3 エフェクタンス動機づけ

　それでは，この「触るイメージが所有感を高める効果」が，より促進されるのは，どういった状況だろうか。触るイメージを顧客獲得の方略として有効活用するためには，この問いについて明らかにする必要がある。そこで本研究では，動機づけという観点から，触るイメージの可能性について検討することとした。

　これまでの研究では，所有感の生起に影響を及ぼす動機として，(a) 効力感，(b) 自己同一性，(c) 居場所の獲得，(d) 刺激の4つが挙げられている[2][9]。たとえば，私たちは身に着ける物で自己表現したいという欲求を持っていたり，安心して過ごすことができる自分のスペースが欲しいという欲求を持っていたりするが，それらはそれぞれ，(b) 自己同一性と (c) 居場所の獲得という動機に相当する。そして，これら4つの動機は，人に生得的に備わっている基本的な欲求であり，人が物を所有する際の動機となる[10]。そして，実際に所有しているという事実（legal ownership）がない場合においても，これらは所有感の生起に影響を及ぼすことがわかってきている[11]。

　本研究では，これら4つの動機のうち，(a) 効力感（effectance）に着目した。効力感を得たいと動機づけられること，すなわちエフェクタンス動機づけ（effectance motivation）は，コントロール欲求や実際にコントロールすることで生じるコントロール感と密接に関連している[9]。加えて，Peck et al.（2013）およびIseki & Kitagami（2016）において，商品に触ることをイメージすると，商品に対するコントロール感が促進され，その結果，所有感が高まることも確認されていることから，触るイメージが所有感を高める効果に，エフェクタンス動機づけが影響を及ぼすことが想定される。しかし，エフェクタンス動機づけが所有感の生起にどのような影響を及ぼすのかについて，概念レベルでの理論化は進んでいるものの，実証研究は乏しいのが現状である。所有感の生起は，その後の購買意思決定に大きく影響することから，エフェクタンス動機づけが所有感の生起に及ぼす影響について，さらなる研究の蓄積が強く求められている[9]。本研究は，そのニーズを満たす研究と言える。

　また，エフェクタンス動機づけとは，自己の活動の結果，環境に変化をもたらし，コントロール感を得ることにより，自分には能力があると感じるように

動機づけられることである[12]。人が，自分を取り巻く環境をコントロールしたいと感じる傾向があるのは，このエフェクタンス動機づけによるものである[13]。そして，物を所有することは環境をコントロールする助けとなっており[14]，コントロール欲求を満たしている[13]。コントロールしようとする試みが成功し，コントロール感を獲得し始めると，所有感が生じるのである[2]。これらのことから，エフェクタンス動機づけに伴って生じる，コントロール欲求を満たす手段の1つとして，触るイメージが効果的に作用するのではないかという本研究の着想に至った。

所有感に関する研究に限らず，エフェクタンス動機づけを，操作して一時的に高めるという方法で検証している研究は非常に限られている。そのようななか，エフェクタンス動機づけが高まることによってターゲットを擬人化するということを明らかにした2つの研究がある[15][16]。これらの研究では，ターゲットの動きや機能などを予測不能にすることでコントロール感を得にくい状況をつくり出し，エフェクタンス動機づけを高めるという操作を行っている。つまり，エフェクタンス動機づけは，何らかの要因によってコントロール感が得られないときに，それを補完するために高まると考えられている。そこで，本研究では「新商品発売に関する調査」という文脈に即して，自分の回答や意見の影響力が小さいと感じることでコントロール感が得にくい状況をつくり出し，エフェクタンス動機づけを高めるという操作を行うこととした。

9.1.4 本研究の目的

私たちは商品を購入する際，エフェクタンス動機づけが高まるような状況にしばしば直面することがある。たとえば，品切れで次の入荷がいつになるかわからないような状況や，品薄のため色の指定まではできないような状況などである。このような状況下での触るイメージの効果を明らかにすることで，オンラインショッピングなどにおいて，最適なタイミングで触るイメージを促進することが可能になり，効率的な顧客獲得の方略を提案することにつながると考えられる。そこで，本研究は触るイメージの有無とエフェクタンス動機づけの高低を操作し，エフェクタンス動機づけが高まっている状況において，「触るイメージが所有感を高める効果」は促進されるのかという点について検討する

ことを目的とした。

9.2 方法

9.2.1 実験参加者と実験計画

実験は，大学生に対する授業の一環として，集団で実施された。大学生 242 名（男性 122 名，女性 120 名，平均年齢 18.85 歳，標準偏差 1.27 歳）のデータが分析対象となった。また，実験は，触るイメージ（あり・なし）×エフェクタンス動機づけ（高・低）の 2 要因参加者間計画とした。したがって，実験参加者は，触るイメージ（あり・なし）とエフェクタンス動機づけ（高・低）の組み合わせからなる 4 条件のうちの 1 つにランダムに割り当てられた。

9.2.2 刺激

実験冊子の 1 ページごとに 1 つの商品画像を配置し，商品画像の上に商品名を表記した。商品 6 種類（イヤホン，スティック型ハサミ，スウェット，マグカップ，携帯電動ハブラシ，USB メモリ）の画像を刺激として用いた。本研究で操作する，触るイメージとエフェクタンス動機づけの要因以外の影響を避けるため，提示する商品情報は商品名のみとしたが，USB メモリについては商品名を「USB メモリ（8 GB）」とした。

9.2.3 質問紙

商品に対するコントロール感と所有感を評定するために，Peck et al.（2013）の質問項目を和訳したものを用いた。具体的には，「①この商品を評価している間，実際にこの商品を自分の思うように扱うことができるように感じた」「②この商品を評価している間，この商品を動かすことができているかのように感じた」という 2 項目（コントロール感）と，「①この商品を実際に所有しているわけではないが，自分の物であるかのような感覚がある」「②個人的に，この商品の持ち主であるかのような感じがする」「③この商品を所有しているかのように感じる」という 3 項目（所有感）である。その他にフィラー項目として，

支払意思額や,「この商品のデザインは優れている」などの質問項目も含めた。

9.2.4 手続き

実施の前に倫理審査を行い,実験参加者からインフォームドコンセントを得た。実験参加者には実験冊子を配布し,実験実施者の指示に従って回答するよう教示がなされた。

まず初めに,実験参加者は全員,「今回,新商品の発売を検討しているある企業から調査の依頼を受けた。より公平な評価をしてもらうため,企業名は伏せて調査を実施する」という内容のカバーストーリーを読んだ。次に,エフェクタンス動機づけの操作は,実験参加者にシナリオを読んでもらうことで行われた。実験参加者は,動機づけ高条件または低条件のどちらかにランダムに割り当てられた。表 9.1 に示すとおり,エフェクタンス動機づけ高条件のシナリオは,自分の回答が新商品に反映されるという確信が持てず,影響力も小さいと感じられるものであった。一方,エフェクタンス動機づけ低条件のシナリオは,自分の回答が新商品に反映されるという確信を持つことができ,新商品発売への影響力も大きいと感じられるものであった。

表9.1 エフェクタンス動機づけの操作に用いられたシナリオ

エフェクタンス動機づけ高条件
この企業では,現在,新商品の発売が検討されています。この企業は,世の中のトレンドや動向をつかむため,非常に大規模な市場調査を行っています。そして,その調査結果を商品に活かすことで,ヒット商品を生み出してきました。今回はその大規模調査の一環として,調査の依頼がありました。調査で得られた消費者の回答の一部は,発売の決定や,商品の改善に反映される予定です。
エフェクタンス動機づけ低条件
この企業では,現在,新商品の発売が検討されています。この企業は,世の中のトレンドや動向をつかむため,大学生の生の声をリサーチしています。そして,そのリサーチ結果を商品に活かすことで,ヒット商品を生み出してきました。今回は,本学の学生の回答をぜひ参考にしたい,と調査の依頼がありました。この調査で得られた回答は,貴重な情報として,発売の決定や,商品の改善に反映される予定です。

触るイメージの操作は,Peck et al.(2013)および Iseki & Kitagami(2016)の方法を踏襲した。具体的には,触るイメージあり群の実験参加者は,まず30

秒間商品画像を見た後に，1 分間，目を閉じた状態で，「前のページの商品に触ったり，手で持ったりして，どのように感じるか」を想像しながら，自分で購入するかどうかという視点で商品を評価するよう教示された。一方，イメージなし群の実験参加者は，同様に 30 秒間商品画像を見た後，1 分間，前のページの商品を自分で購入するかどうかという視点で評価するよう教示された。

商品の評価は以下のとおりであった。コントロール感（2 項目）および所有感（3 項目）について，それぞれ「1：まったく当てはまらない」から「7：非常に当てはまる」という 7 段階で評価するよう求めた。これらの手続きを 6 種類の刺激ごとに繰り返し，刺激の提示順は参加者間でカウンターバランスを行った。また，実験の最後には，いくつかの事後質問をし，研究の目的やカバーストーリーは架空の設定であったことなどについてデブリーフィングを行った。

9.3　結果

9.3.1　予備調査

エフェクタンス動機づけの操作を行うにあたり，予備調査を行った。調査参加者は，本研究と同一のカバーストーリーを読んだ後，この調査に対する自分の回答の影響力について，「①この企業から発売される新商品の決定において，自分には影響力があると思う」「②この会社から発売される新商品の決定に，自分は影響を与えると思う」という 2 項目に 7 段階で評価するよう求められた。次に，エフェクタンス動機づけ高条件または低条件のどちらかのシナリオ（本研究と同一）を読み，再度，自分の回答の影響力について評価するよう求められた。この 2 項目を平均し，（シナリオを読んだ後）−（シナリオを読む前）の差分得点を算出した。この差分得点が，エフェクタンス動機づけ高条件に比べ，低条件のほうが高くなることが想定されたが，エフェクタンス動機づけの高条件（$M = 0.03$, $SE = 0.26$）と低条件（$M = 0.55$, $SE = 0.19$）の間に有意差は検出されなかった（$t(36) = 1.64$, $p = .11$, $d = 0.53$）。しかし，検定力分析において，本予備調査のサンプルサイズ（38 人）における検出力は .36 であった。今回の効果量（$d = 0.53$）で必要なサンプルサイズは 114 人であったため（有意水準 5％ 未満，検出力 .80 以上），有意差が検出できなかっ

たのは調査参加者が少なかったためだと考えられ，十分な効果量は得られたと判断した。

9.3.2 6アイテム全体における所有感の条件間比較

結果を分析するにあたり，6アイテム全体の所有感（3項目）の評定値を平均して，所有感得点（α = .97）を算出した。触るイメージとエフェクタンス動機づけを独立変数とし，所有感を従属変数とする2要因分散分析を行った。図9.1に示すとおり，触るイメージの主効果は有意であった（$F(1, 238) = 12.78$, $p < .001$, $\eta_p^2 = .05$）。エフェクタンス動機づけの主効果は有意傾向で

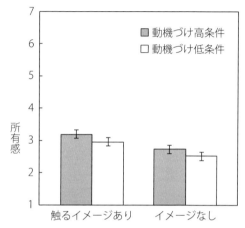

図 9.1 条件別の所有感得点（6アイテム全体）（エラーバーは標準誤差を示す）

あった（$F(1, 238) = 3.00$, $p = .08$, $\eta_p^2 = .01$）。交互作用は有意ではなかった（$F(1, 238) = 0.01$, $p = .92$, $\eta_p^2 = .00$）。よって，6アイテム全体として，触るイメージあり群での所有感が，イメージなし群に比べて高く，エフェクタンス動機づけ高条件での所有感も，低条件に比べて高い傾向があった。すなわち，エフェクタンス動機づけの高低にかかわらず，触ることをイメージすることで所有感が高まることが示された。加えて，触ることをイメージするかどうかにかかわらず，エフェクタンス動機づけが高まると，商品に対する所有感も高くなる傾向があることも確認された。しかし，これらの結果は，あくまで6アイテム全体の結果である。したがって次項では，触るイメージとエフェクタンス動機づけの影響について，アイテムごとに検討する。

9.3.3 アイテムごとによるコントロール感の媒介効果

先行研究から，触るイメージが商品に対するコントロール感を促進し，その結果，所有感が高まることが想定される[7][8]。したがって，触るイメージがコントロール感を媒介し，所有感を高める効果について，エフェクタンス動機づけの条件間で異なるのか，アイテムごとに媒介分析を行った[17]。その際，触るイメージについて，なしを0，ありを1としてコード化した。また，アイテムごとにコントロール感（2項目）と所有感（3項目）の評定値を平均し，それぞれ投入した。その結果，表 9.2 に示すとおり，エフェクタンス動機づけ高条件でのイヤホン，スティック型ハサミ，スウェットおよびマグカップにおいて，また，エフェクタンス動機づけ低条件での USB メモリにおいて，それぞれ触るイメージが所有感を高めるという総合効果の有意なパスが確認された。これらの総合効果は，コントロール感の媒介効果を投入すると有意ではなくなった。ブートストラップ法（サンプリング回数：10000，信頼区間：95％）によ

表 9.2 コントロール感を媒介変数とした媒介分析の結果

刺激	エフェクタンス動機づけ	総合効果 (IV→DV)	直接効果 (IV→DV)	a (IV→M)	b (M→DV)	間接効果 $a \times b$	間接効果の95%信頼区間 下限	上限
イヤホン	高	0.58**	−0.20	1.53**	0.51**	0.78	0.49	1.14
	低	0.47	−0.31	1.37**	0.57**	0.78	0.48	1.18
スティック型ハサミ	高	0.56**	0.02	1.13**	0.48**	0.54	0.26	0.94
	低	0.43	0.00	0.88**	0.50**	0.44	0.18	0.77
スウェット	高	0.56**	−0.19	1.34**	0.55**	0.74	0.44	1.11
	低	0.32	−0.38	1.10**	0.63**	0.70	0.33	1.13
マグカップ	高	0.50**	−0.25	1.59**	0.47**	0.74	0.48	1.11
	低	0.38	−0.39	1.82**	0.42**	0.77	0.43	1.23
携帯電動ハブラシ	高	0.31	−0.31	1.28**	0.48**	0.61	0.38	0.91
	低	0.47	−0.29	1.30**	0.58**	0.76	0.45	1.16
USB メモリ	高	0.25	−0.32	1.24**	0.46**	0.58	0.33	0.90
	低	0.54**	−0.24	1.64**	0.47**	0.78	0.44	1.24

係数は非標準化係数：** $p < .01$，* $p < .05$
IV：independent variable，触るイメージ
DV：dependent variable，所有感
M：mediator，コントロール感

って間接効果の有意性検定を行ったところ，エフェクタンス動機づけ高条件でのイヤホン，スティック型ハサミ，スウェットおよびマグカップ，また，エフェクタンス動機づけ低条件でのUSBメモリにおいて，間接効果は有意であり，コントロール感の完全媒介が認められた。すなわち，イヤホン，スティック型ハサミ，スウェットおよびマグカップにおいて，エフェクタンス動機づけが高まっている状況で触ることをイメージすると，コントロール感が促進され，その結果，所有感が高まることが示された。しかし，USBメモリに限り，このような触るイメージの効果は，エフェクタンス動機づけが低い状況で確認された。このように，アイテムごとに触るイメージとエフェクタンス動機づけの影響が異なった要因について，次節で考察する。

9.4 考察と今後の課題

9.4.1 エフェクタンス動機づけ高条件の結果から得られる示唆

エフェクタンス動機づけ高条件において，電動ハブラシとUSBメモリは，触るイメージが所有感を高めるという総合効果が有意ではなかった。この2つのアイテムに共通する点として，「この商品と似たような物に実際に触ったことがある」（事後質問）と答えた人の割合が小さいことが挙げられる（表9.3）。

表9.3 全体に占める割合（%）

	見たことがある	触ったことがある
イヤホン	56.43	32.78
スティック型ハサミ	54.36	53.94
スウェット	60.17	42.74
マグカップ	49.79	37.76
携帯電動ハブラシ	60.58	**18.26**
USBメモリ	45.64	**22.82**

エフェクタンス動機づけ高条件の実験参加者は，自分の影響力が小さいと感じ，コントロール欲求が高まっている状態である。その状態で，触ることをイメージするよう促された場合，実際に触ったことがあるアイテムに対しては精緻なイメージの促進がスムーズになされ，コントロール感を得ることにつなが

るが，電動ハブラシやUSBメモリのように，実際に触ったことがないアイテムに対しては，触るイメージがうまく促進されなかったのではないだろうか。このことから，コントロール欲求が満たされず，エフェクタンス動機づけが高まっている状況下では，触知経験が豊富なアイテムに限り，触ることをイメージすることでコントロール感が高まり，その結果，所有感も高まることが示唆される。

9.4.2　エフェクタンス動機づけ低条件の結果から得られる示唆

　エフェクタンス動機づけ低条件の実験参加者は，自分の意見には影響力があると感じており，コントロール欲求は満たされているため，エフェクタンス動機づけは低い状態だと言える。しかし，影響力が大きいからこそ，このアンケート自体に対する動機づけ（やる気）は高まっているということを考慮する必要がある。したがって，アンケートに真摯に取り組んだ結果，イメージなし条件の参加者も，自発的に触るイメージに近いことを行っていた可能性が示唆される。よって，イヤホン，スティック型ハサミ，スウェット，マグカップは触知経験が豊富なため，イメージなし条件においても自発的に触るイメージが促進されやすく，触るイメージ条件との差が認められなかったのではないか。一方，USBメモリは触知経験が乏しいため，イメージなし条件では自発的な触るイメージの促進は生じなかったが，触るイメージ条件では教示の効果が認められたのではないだろうか。このように，異なる動機づけが拮抗している可能性が示唆される点については，本研究のエフェクタンス動機づけの操作の限界でもあるが，現実の場面において，このような状況はしばしば起こりうると考えられる。

9.4.3　今後の課題

　本研究では，エフェクタンス動機づけを一時的に高めるという動機づけの状態レベルを操作したが，エフェクタンス動機づけには，もともと高い人と低い人という個人差特性もある。このようなエフェクタンス動機づけの個人差は，コントロール欲求尺度（DFC：desire for control）を用いて測定されることが多い[18][19]。これは，身の回りの事物に対して，どれぐらい自分でコントロー

ルしたいかという程度を測定する尺度であり，DFC が高いということは，もともとエフェクタンス動機づけが高いことを示唆している[15]。そして，Epley et al.（2008）では，動きが緩慢な大型犬に比べ，動きが俊敏で次に何をするのか予測不能な小型犬に対して，DFC が高い人はエフェクタンス動機づけが高まりやすく，擬人化しやすいと報告している。これは，予測不能な小型犬に対してコントロール感が得られにくいため，なんとか自分の持っている情報を引き出してコントロールしようとするプロセスの一環として，擬人化が生じると考察されている。これらのことから，DFC が高い人は，本研究の操作においてもエフェクタンス動機づけが高まりやすいことが予測される。あるいは，本研究の実験参加者は DFC が高い傾向にあったため，今回の操作方法でエフェクタンス動機づけが高まったという可能性も考えられる。今後の研究では，エフェクタンス動機づけの個人差特性という点からも，検討を重ねる必要があると考えられる。

9.5　おわりに

　本章では，エフェクタンス動機づけが高まっている状況において，「触るイメージが所有感を高める効果」は促進されるのかという点を検討した研究について，報告を行った。まとめとして，イヤホン，スティック型ハサミ，スウェット，マグカップのように，触知経験が豊富なアイテムに限り，触ることをイメージすることでコントロール感が促進され，所有感も高まることが示された。これらの結果は，マーケターに対し，以下のような提案が可能となるだろう。品切れのため次の入荷が未定であるような状況や，品薄のため色の選択肢が限られるような状況など，さまざまな要因によって，コントロール感が得られず，エフェクタンス動機づけが高まっている消費者に対しては，商品に触ることをイメージしてもらうことでコントロール感を高めてもらい，商品に対する所有感の生起へと導くという方略をとることが有益である。しかし，その方略の効果は，もともと触知経験の豊富な商品に限定されるだろう。

参考文献

[1] Peck, J., & Shu, S.B.: The effect of mere touch on perceived ownership. Journal of Consumer

Research, 36(3), pp.434-447, 2009.
[2] Pierce, J.L., Kostova, T., & Dirks, K.T.：The state of psychological ownership：Integrating and extending a century of research, Review of General Psychology, 7(1), pp.84-107, 2003.
[3] Kahneman, D., Knetsch, J.L., & Thaler, R.H.：Experimental tests of the endowment effect and the coase theorem, Journal of Political Economy, pp.1325-1348, 1990.
[4] Brasel, S.A., & Gips, J.：Tablets, touchscreens, and touchpads：How varying touch interfaces trigger psychological ownership and endowment, Journal of Consumer Psychology, 24(2), pp.226-233, 2014.
[5] Reb, J., & Connolly, T.：Possession, feelings of ownership, and the endowment effect, Judgment and Decision Making, 2(2), pp.107-114, 2007.
[6] Wolf, J.R., Arkes, H.R., & Muhanna, W.A.：The power of touch：An examination of the effect of duration of physical contact on the valuation of objects, Judgment and Decision Making, 3(6), pp.476-482, 2008.
[7] Peck, J., Barger, V.A., & Webb, A.：In search of a surrogate for touch：The effect of haptic imagery on perceived ownership, Journal of Consumer Psychology, 23(2), pp.189-196, 2013.
[8] Iseki, S. & Kitagami, S.：Mere touching imagery promotes purchase intention through increased psychological ownership, Journal of Human Environmental Studies, 14(1), pp.49-54, 2016.
[9] Jussila, I., Tarkiainen, A., Sarstedt, M., & Hair, J.F.：Individual psychological ownership：Concepts, evidence, and implications for research in marketing, Journal of Marketing Theory and Practice, 23(2), pp.121-139, 2015.
[10] Porteous, J.D.：Home：The territorial core, Geographical Review, pp.383-390, 1976.
[11] Fuchs, C., Prandelli, E., & Schreier, M.：The psychological effects of empowerment strategies on consumers' product demand, Journal of Marketing, 74(1), pp.65-79, 2010.
[12] White, R.W.：Motivation reconsidered：The concept of competence, Psychological Review, 66(5), pp.297-333, 1959.
[13] Beggan, J.K.：Using what you own to get what you need：The role of possessions in satisfying control motivation, Journal of Social Behavior and Personality, 6(6), pp.129-146, 1991.
[14] Furby, L.：Possessions：Toward a theory of their meaning and function throughout the life cycle. In P.B. Baltes（Ed.）, Life Span Development and Behavior（1, pp.297-336）. New York：Academic Press, 1978.
[15] Epley, N., Waytz, A., Akalis, S., & Cacioppo, J.T.：When we need a human：Motivational determinants of anthropomorphism, Social Cognition, 26(2), pp.143-155, 2008.
[16] Waytz, A., Morewedge, C.K., Epley, N., Monteleone, G., Gao, J.-H., & Cacioppo, J.T.：Making sense by making sentient：Effectance motivation increases anthropomorphism, Journal of Personality and Social Psychology, 99(3), pp.410-435, 2010.
[17] Preacher, K.J., & Hayes, A.F.：SPSS and SAS procedures for estimating indirect effects in simple mediation models, Behavior Research in Methods, Instruments, and Computers, 36, pp.717-731, 2004.
[18] Burger, J.M., & Cooper, H.M.：The desirability of control, Motivation and Emotion, 3(4), pp.381-393, 1979.
[19] 安藤明人：コントロール欲求尺度（The Desirability of Control Scale）日本語版の作成，武庫川女子大学紀要（人文・社会科学），42, pp.103-109, 1994.

第4部

ブランド戦略・経営戦略

第 10 章　老舗戦略の理論的枠組みに向けた考察と事例
　　　　　入澤裕介（日立システムズパワーサービス）
　　　　　長沢伸也（早稲田大学大学院）
　　　　　日本感性工学会誌第 16 巻第 3 号部会特集号「感性商品研究の最前線」所収
　　　　　第 19 回感性工学会大会感性商品研究部会企画セッションなどで発表

第 11 章　持続的なブランド価値のマネジメント
　　　　　杉本香七（メントール）
　　　　　長沢伸也（早稲田大学大学院）
　　　　　日本感性工学会誌第 16 巻第 3 号部会特集号「感性商品研究の最前線」所収
　　　　　感性商品研究部会第 63 回研究会などで発表

第 12 章　感性価値創造を促すプロセスとは
　　　　　庄司裕子（中央大学）
　　　　　感性商品研究部会第 65 回研究会で発表

第10章 老舗戦略の理論的枠組みに向けた考察と事例

10.1 はじめに

　我が国は多くの老舗企業が存在することで世界的にも知られており，あらゆる業種において代表的な老舗企業を見ることができる。その老舗企業が提供している商品・サービスでは，人間の感性に訴えかける独特な価値が提供されている。

　100年以上の歴史を持ち，老舗といわれる長寿命企業が多く存在する。「老舗」という言葉からは，伝統的な製品や長い歴史といった古臭いイメージを持たれるであろう。だが，老舗には何世代にもわたり時代の趨勢を生き抜いてきた実力と，お付き合いを続けたいと思わせる魅力があり，それゆえに内外の新たな顧客層から支持を集め，企業として，また世界に誇る日本文化の担い手としての地位を確立してきた。

　しかし，独特な価値とは言いながらも，同じ商品・サービスを提供していては，時代の趨勢に取り残される可能性が高く，事業継続の断念を余儀なくされる場合が多い。そのため，企業のサスティナビリティ（持続可能性）やゴーイング・コンサーンと言われているような長い年月をかけて事業を継続することができず，生存することが不可能となる。

　本研究では，老舗企業に必要な老舗戦略に関する理論的枠組みを考察・検討し，理論構築を試みる。

10.2　先行研究と本研究の位置付け

10.2.1　背景と研究目的

　現在，日本国内に老舗企業は多数存在しており，その数は世界でもトップクラスである。多くの危機を乗り越えながら存続している老舗企業について，多様な側面から研究がなされており，現在の企業にとっても学ぶべき点が多い存

在である。

　老舗企業については多くの先行研究がなされているが，老舗企業の実現を目的とした理論的な体系化は未だになされておらず，「ものづくり」と「継続」を軸にした理論の体系化が重要である。

　一方，ラグジュアリーの側面から見ると，メジャーなラグジュアリーブランドは老舗企業であることが多く，伝統を守りながらも革新を行い，ビジネス展開を進めている。しかし，日本の老舗企業は存在する数では世界トップクラスを誇っているにもかかわらず，ラグジュアリーブランドに発展していないことがわかる。

　前述した背景を踏まえ，本研究の目的は以下のように，大きく2点になる。

- 国内でも有名な老舗企業の事例分析を行うことで，老舗企業の実現に必要な老舗の本質について考察ならびに定義し，その本質に基づいた老舗戦略の考察ならびに構築を試みる。
- ラグジュアリー戦略と老舗戦略の比較分析を行うことで，ラグジュアリーと老舗の戦略的な共通点・相違点を考察し，戦略的な相違に基づきラグジュアリーと老舗の本質的な違いを考察する。

10.2.2　老舗企業の先行研究

　日本は老舗大国であり，100年を超える企業は5万社ほどある。そのなかでも創業から200年を超える企業は3886社存在し，他国と比較しても抜きん出ている（表10.1）。ちなみに老舗学研究会では300年という長い期間で老舗企業を研究している。

表 10.1 世界上位5か国における老舗企業数（創業200年以上）

国名	企業数	国名	企業数
日本	3,886	フランス	376
ドイツ	1,850	オーストリア	302
英国	467		

出所：週刊東洋経済 2010年11月20日号

　このような老舗企業の立ち居振る舞いは常に注目を集めており，多くの研究がなされてきた。たとえば，老舗企業の企業継続の秘訣として「伝統とは革新の連続」，つまり革新性を模索し続ける努力が指摘されている[13]。つまり老舗は，本業重視と品質本位，各時代の顧客ニーズへの対応，従業員重視の価値

観を伝統として継承している。一方，情報の蓄積・収集や技術開発を行い，商品・サービスや販売チャネルなどを革新し，また家訓を社訓，経営理念へと変化させるなど，柔軟性を持つとしている。そして伝統と変革の根底に顧客第一主義があり，常に顧客ニーズを的確に捉えて対応してきた時代適応力こそ老舗の真骨頂である。同時に「三方よし」に代表されるように，社会の公器として常にステークホルダーの満足度を高めることに努めるべきとしている。

他にも，老舗の秘訣として経営哲学を論じたもの[6]，老舗の経営戦略の視点から論じたもの[5]，後継者を含めた人材育成について論じたもの[7]など多くの視点で研究されているが，いずれも伝統と革新をキーポイントとして指摘している。

10.2.3　京都企業の先行研究

京都の地域性や企業への影響などについて少なからず研究がなされている。たとえば，東京や大阪などの大都市圏と比較して必ずしも優良な産業が育つ立地条件や経済的有利を満たしていないことや，そのような劣勢な条件にもかかわらず，多様な資源とノウハウ・能力を蓄積し，他の都市には見られない特質を生み出していることが指摘されている[11]。京都の地域性には，多様な知識集積や高度な技術，老舗が育つ土壌，学問・芸術・文化の街のような多様なイメージがある。京都の老舗企業数と老舗比率を表した表10.2より，京都では老舗企業が多いことが理解できる。

表10.2　国内上位5県における老舗企業比率（創業100年以上）

県名	企業数	老舗比率
京都府	949	3.72%
島根県	280	3.52%
山形県	446	3.39%
新潟県	984	3.38%
滋賀県	374	3.14%

出所：週刊東洋経済 2010年11月20日号
注）老舗比率は帝国データバンクの法人データベースに占める比率を指している。

そのようななかで，高度な技術や老舗が育つ土壌の視点で考えてみると，京都は精密機械・繊維・染物などの高付加価値産業の場所として発達しており，都市型手工業が支える工業都市的性格によって成立しているとも言える。京都は，多彩な地場産業を中心に長年の歴史を経てデザイン・技術・経営ノウハ

ウ・ブランドなどが蓄積されており，この京都独自の豊富な経営資源を活用できることも京都の地域性であり，強みとも考えられる．

10.2.4　本研究の位置付け

以上より，老舗企業ならびに京都企業の先行研究における主なポイントは以下のとおりとなる．

- 事業継続のポイントとして伝統と革新の重要性を挙げ，その範囲は経営理念や商品・サービスそのものから，経営資源としてのヒトの扱い方，社会との関わり方まで広く及んでいることを指摘
- 京都自体が地域性や経済的・立地的な条件によって多様な資源やノウハウが蓄積しやすく，老舗企業が育ちやすい環境であることを指摘

しかしながら，これらの先行研究は，老舗企業における事業継続のポイントや地域性による環境のポイントなどは論じているが，老舗企業を実現する本質や戦略的な理論構築の研究はされてこなかった．

本研究は，京都老舗企業の事例研究に基づき，老舗の本質と老舗戦略の考察・構築を試みるものであり，現在の成熟した市場にとって意義あるものと考える．

10.3　老舗の本質

10.3.1　事例研究に見る老舗の本質

老舗と言えば国内でも一番を誇る京都に焦点を当て，いくつかの京都老舗企業を対象に，商材の有形・無形にかかわらず過去の事例研究（表 10.3）から共通点を考察する．

事例研究の考察より，老舗企業にとって共通することが 2 つあると考えており，それは「継続」と「こだわり」である．

主なトップインタビューや文献などから，この 2 つの特性を裏付けるコメントを見てみると，「先々代たちが残してくれたそうした骨格があればこそ，それに負けない内容を揃えていくことができた」（俵屋），「継続することが，会

表 10.3　日本国内における事例研究の対象企業

業種	主な対象企業	主な調査方法
和菓子	末富，鶴屋吉信	トップインタビュー，文献調査
唐紙	唐長	トップインタビュー，文献調査
お香	山田松香木店	トップインタビュー，文献調査
宿泊	俵屋	文献調査，著者体験

社の従業員とか売り上げを大きくして，利益を追求することより優先なんですよ」（鶴屋吉信），「産業革命以前のものは，そのまま無条件に残す」（山田松香木店）など，企業や本業の継続を第一義とする考え方が浸透していることがわかる。

一般的な企業のように成長を第一義として考えておらず，本業の延長線上から外れた事業展開や企業規模の拡大といった成長路線は取らないということである。

また，前述した「継続」を第一義として活動を続ける老舗企業は企業独自のこだわりを持っている。たとえば，京菓子の末富では，山口元3代目社長があらゆるジャンルの知識や智恵から和菓子のデザインとネーミングを考えており，デザインへのこだわりがある。俵屋では，部屋のデザインや内装・調度品は俵屋という骨格（伝統と歴史）が容認できるものだけが施されており，ご主人の佐藤氏が持つこだわりがある。さらに，唐長では，歴史が古い唐紙の価値観を共有・分かち合える顧客に販売するという価値観へのこだわりがある。

つまり，本業を軸にした各企業のオリジナリティが伺える強力な「こだわり」があることがわかる。

以上より，老舗企業には，「継続」と「こだわり」という共通点が存在すると言える。

10.3.2　老舗の定義

前述した老舗企業の共通点を踏まえて，老舗の定義を試みてみる。

一般的な老舗のイメージは，100年や200年，それ以上と続いた企業を指すことが多く，老舗旅館や老舗料亭と呼ばれることが多い。また，IT関連など新しい業種分野でも業歴を重ねているという意味で使われているケースがある。

そのため，老舗に関する共通の定義がなく，イメージで使われる場合が多いと思われる。

たとえば，石油メジャーの英蘭ロイヤル・ダッチ・シェルは当初装飾品店，IBM は PC などハード事業からビジネスソリューション事業に主軸を変えており，プロセッサの巨人インテルもメモリ事業からプロセッサ事業に本業を変えている。これらは時代の変遷に対応しているが，コア事業を変えているため，老舗企業とは言えない，つまり本業に徹していないと考えられる。

一方，老舗の条件とは何かを考えてみると，年数を重ねる企業は長寿企業として位置付け，企業存続 30 年という通説を基に考えれば 30 年以上存続した企業が長寿企業と考えられており，ドラッカーは，組織が低迷する時期は生まれてから 30 年と言及している。しかし，長寿だから老舗とは言えず，老舗は長寿であることが多い。つまり，長寿は老舗の十分条件と考えられ，老舗の定義には必要条件の考察が重要である。

老舗の必要条件は前述した老舗の本質であり，「継続の実現」と「継続の柱となる独自のこだわりを持つ」ことである。そして，本研究における老舗は，「成長ではなく継続を目指した取り組み・マネジメントを実現し，その柱となる独自のこだわりを持っていること（変化のマネジメント）」と定義することができ，この定義に当てはまる企業が老舗企業と呼ぶことができる。

10.4 老舗戦略

10.4.1 定義と位置付け

老舗の本質と定義を論じたことから，次は老舗企業を実現するための戦略について考察を進める。この戦略を「老舗戦略」と呼ぶことにし，この概念の定義から論じる。

戦略という概念の定義は多くの異論異説が存在しており，表 10.4 に代表的な戦略の定義をまとめた。これらの定義は，各々，いろいろな視点で説明された内容ではあるが，バーニーの定義はその他の定義を包含し，個別状況に応用できる定義と考えられる。そのため，バーニーの定義をリファレンスとして老舗戦略の定義を試みる。

表 10.4　戦略概念の代表的な定義例

提唱者	定義例	発表年
チャンドラー	長期的視野に立って企業の目的と目標を決定すること，およびその目的を達成するために必要な行動オプションの採択と資源配分	1962 年
クラウセヴィッツ	戦争の全体計画，個別の活動方針，およびそれらのなかでの個別具体的行動計画	1976 年
グリュック	企業の基本的目標が達成されることを確実にするためにデザインされた包括的かつ統合されたプラン	1980 年
ミンツバーグ	無数の行動と意思決定のなかに見いだされるパターン	1985 年
ヒット	コアコンピタンスを活用し，競争優位を獲得するために設計された統合かつ調整された複数のコミットメントと行動	1997 年
バーニー	いかに競争に成功するかということに関して一企業が持つ理論	2002 年

出所：Jay B. Barney「企業戦略論（上・中・下）」に基づき作成

　日本の代表的な商人として近江商人が挙げられる。老舗企業は，その近江商人が実現した「三方よし（売り手よし，買い手よし，世間よし）」を引き継いでおり，それを忠実に守ることで企業の継続を図っているところがある。そのなかで，買い手（取引先）を大事にし，目先の利益を最優先しない特有のビジネスモデルが影響を及ぼしている。また，世間よしは社会貢献を自社の利益と同等に扱っており，ある清酒メーカー社長が「企業が存続するには，大きな倫理と理念が必要」と述べているように，利己的な儲け主義には走らず，売り手と買い手の間に公正かつ信頼のある取引基盤を確立しており，ここでも"分"をわきまえている。

　以上から，本研究で述べる老舗戦略について，このような日本固有の企業文化を踏まえると，「いかに継続するか，いかに独自のこだわりを獲得するか，ということに関する一企業が持つ理論」と定義することができる。

　この定義は，企業の継続を目指す現代の企業において，老舗企業が実践している老舗戦略の役割を理解すること，これからの重要な戦略要素の抽出に向けて，たいへん有効な内容になると考えられる。

10.4.2 老舗戦略の要素

前述した老舗戦略の定義に基づき，老舗企業が実践している戦略要素を考察する。

マネジメントの神様と言われたドラッカーは，企業の目的を「顧客の創造」と定義しており，これを踏まえて老舗企業を考えると，老舗企業の目的は「顧客の創造と維持」と定義することができる。また，同氏は企業の基本機能を「マーケティングとイノベーション」と定義しており，老舗企業においても例外ではないと考える。

表 10.5 老舗戦略の構成要素

戦略要素	内容
老舗マーケティング	稀少性を軸にした商品，価格，地場，コミュニケーション，ブランドの 5 つの視点で整理した"継続"のマーケティング
老舗イノベーション	継続性を軸にした持続的イノベーションと破壊的イノベーションが同一企業で実現可能とする"継続"のイノベーション

したがって，老舗企業の目的達成に向けた老舗戦略の要素は，表 10.5 のように老舗マーケティングと老舗イノベーションの 2 つに整理することができる。

10.4.3 老舗マーケティング

老舗マーケティングは，言い換えれば「継続のマーケティング」であり，商品・価格・地場・コミュニケーション・ブランドの 5 つの視点で構成される。とくに，貴重な職人技や手に入れ難さなどにより稀少性を前面に出すことで顧客から見た欠乏感を生み出すことが重要であり，一般的なマスマーケティングよりはラグジュアリーマーケティングに近いと考えられる。

＜老舗マーケティングの構成＞

- 商品：「製品（物品）とサービスの融合体」という位置付けで定義し，伝統により育まれた職人技や製造技術，厳選された材料など，こだわりのものづくりを体現
- 価格：「こだわりの価値」を経済的価値に反映するという意味で，競合商品との比較価格ではなく商品の絶対価値を適正に表現

- 地場：ものづくりの聖地である工場が地場（ローカル）に根付いている場所に展開されていること（伝統や歴史との関連），地域や地場を裏切らない販売展開を行い，商品価値が直接実感できることを第一義に考えた限定的な展開
- コミュニケーション：広告・宣伝のようなプロモーションではなく，商品に内在するこだわりを顧客とコミュニケーションできるようにすることであり，「知る人ぞ知る」的なクローズなコミュニティの形成が中心
- ブランド：消費者全般への平均的なブランド認知を目指すのではなく，固定客や常連客へのブランディングを強化し，ブランドの継続性を向上

10.4.4　老舗イノベーション

　老舗イノベーションは，言い換えれば継続のイノベーションである。イノベーションと言えばクリステンセンであるが，クリステンセンは，成長を前提とした企業の合理的選択により持続的イノベーションを繰り返す既存企業は，破壊的イノベーションを実現する新規企業に駆逐されていくことを「イノベーションのジレンマ」と呼んだ。また，単一の企業が持続的イノベーションと破壊的イノベーションを両立するのは困難であるとも言っている。

　しかし，俵屋旅館や唐長，山田松香木店，末富，鶴屋吉信など過去の事例分析から考察すると，老舗企業にはイノベーションのジレンマが当てはまらない。それは，一般企業には成長（株主価値の創造）が重要であるが，老舗企業は継続（顧客の維持）が最重要であることからも理解できる。このようにイノベーションのジレンマに対する前提と異なり，西洋的な「単一思考」「細分化」と対極にある東洋的な「相対合一論」「総合化」の思想が流れている。つまり，同一企業のなかで持続的イノベーションと破壊的イノベーションを両立（継続のイノベーション）し，繰り返してきたことにより老舗企業と成りえたのである。

　持続的イノベーションの実行により，時間をかけてゆっくり熟成することで生まれる価値観や様式などが育まれ，独自の技術やこだわりの材料などを伝承することで，老舗企業としての歴史を構築しながら伝統がつくられていく。

　一方，破壊的イノベーションの実行によって，時代の趨勢や流行に合った価

値観や様式が短期間ではあるが生まれ，老舗企業としての伝統や歴史に裏付けられた独自技術やこだわりの材料を活かしながら（伝統と共存・補完），現在との妥当性（変革）を通じて革新がつくられていく。

その結果，顧客にとって以下のような独特な価値を創造している。

- 老舗企業としての伝統と歴史が，提供する商品やサービスに深みを与え，顧客の感性に訴えかける価値を創造
- 老舗企業としての伝統と歴史が共存・補完しながら，現代の流行などにマッチする商品やサービスが，伝統を重んじる顧客とは異なった顧客の感性に訴えかける価値を創造

本業にかかわるイノベーションを実施し，まったく異なる業種への多角化はほぼ実施しないことが理解できる。伝統が革新を生み出し，革新の連続が伝統を生み出すという，当たり前のことを当たり前に実行する力（したたかな時代適応力）が真骨頂と言える。

老舗企業のイノベーションについて，「老舗にあって老舗にあらず」（鈴廣蒲鉾社是），「過去7世代にわたってそれぞれの世代で経営革新に取り組んできたこと，規模の拡大や短期的な利益を追わず，健康産業を通して安定的な社会貢献を続けるというコンセプトを保ってきたことが長く続けられた理由」（龍角散 藤井社長），「星野家の良さはベンチャー精神にある」（星野リゾート 星野佳路社長），「暖簾は育てるもの，守るものにあらず」（榮太樓總本鋪相談役6世安兵衛）など，イノベーションの重要性を老舗企業の経営者は理解している。

10.5　ラグジュアリー戦略との比較考察

10.5.1　ラグジュアリー戦略の概要

老舗戦略は，先述したとおりラグジュアリー戦略に類似している。そのため，比較分析に先立ってラグジュアリー戦略の規則を整理しておく。

(1) アイデンティティ・製品に関する規則

本項に該当する規則は，以下の4項目が挙げられる。

- ポジショニングのことは忘れろ，ラグジュアリーは比較級ではない
- 製品は傷を十分に持っているか？
- 顧客の要望を取り持つな
- 工場を移転するな

　これは，企業・製品として競争を前提にして考えるのではなく，独自性を持つことで企業や製品のアイデンティティを確立することが重要であることを示している。
　そのアイデンティティに基づいた製品には機能便益面での不完全さはあっても，顧客の感性面に強く訴えるものがある。そして，ラグジュアリー製品の根幹であるアイデンティティを崩壊させるような顧客の要望（無理強い）は受け入れず，ラグジュアリーブランドの伝説・神話を崩すような工場移転を実施してはいけないことも示している。

(2) 価格に関する規則

　本項に該当する規則は，以下の3項目が挙げられる。

- ラグジュアリーが価格を定め，価格はラグジュアリーを定めない
- 需要を増やすために，時間が経つにつれて価格を引き上げろ
- 製品ラインの平均価格を上げ続けろ

　これは「売り手中心のマーケティング」を意味しており，ラグジュアリーでは最初に製品ありきで考えるということである。そして，その製品に対してどの価格で販売できるかを考え，ラグジュアリーブランドと知覚されればされるほど，より高価格になる。ラグジュアリーは前述のとおり比較級ではなく最上級であり続ける必要があるため，常に価格を引き上げる必要がある。
　これは，平均価格を引き上げることでラグジュアリー特有の社会（の）再階層化を行い，それを購入するに相応しい人たちとそうでない人たちとの間に一線を画することが重要であることを示している。

(3) 流通に関する規則

　本項に該当する規則は，以下の2項目が挙げられる。

- 顧客がなかなか買えないようにしろ
- 顧客を非顧客から守れ，上客を並の客から守れ

これは，ラグジュアリーの稀少性を提供することを実践する内容となる。つまり，ラグジュアリー製品の楽しみ方や消費の仕方などの教養が必要，実際に販売している店の流通（入手）経路が少ない，手に入れるのに時間がかかるなどの障害を設けることで稀少性の価値を高めていることを示している。

また，購入していないお客はもちろんのこと，顧客のなかでも上客と普通の客を区別することで，閉鎖的かつ特別な環境を構築し，社会的なブランドの階層化を機能させることが必要であると示している。

(4) プロモーションに関する規則

本項に該当する規則は，以下の 6 項目が挙げられる。

- 広告の役割は売ることではない
- 標的にしていない人にもコミュニケーションせよ
- 実際の価格より常に高そうに見えるべきである
- 売るな
- スターを広告から締め出せ
- 初めて買う人のために芸術へ接近するよう努めろ

広告・宣伝は売ることが主体ではなく，ラグジュアリーブランドが持つ神話・伝説や製品の背景・歴史を伝えることが中心となっている。

標的にしていない人に対してコミュニケーションをする意味は，ブランド認知を広く行うことが主要な目的である。

自分のためにラグジュアリー製品を持つことは当然として，他人のため（たとえば贈り物や見せびらかすこと）に価値を見いだすには，ラグジュアリー製品を持っていない人にも認知してもらうことが必要である。

(5) 市場・顧客に関する規則

本項に該当する規則は，以下の 3 項目が挙げられる。

- 熱狂者でない奴は締め出せ

- 増える需要に応えるな
- 顧客の上に立て

ラグジュアリーブランドでは，その独自なブランド価値を下げない・失わないために心底分かち合える熱狂的な顧客以外は相手にせず，熱狂的でない顧客を含む需要の増加に応えると危険であることを言っている。

熱狂的な顧客においても，ラグジュアリーは顧客を再階層化する意味があり，ラグジュアリーブランドが顧客に対して社会的な意味づけを行っていることから，顧客の上位に立つ必要があることを示している。

10.5.2　比較考察

以上のラグジュアリー戦略と老舗戦略を比較すると表10.6のようになる。

表10.6　ラグジュアリー戦略と老舗戦略の比較

視点	ラグジュアリー戦略	老舗戦略	相違点	共通点
アイデンティティ・製品	・卓越した品質の製品 ・職人技術の継続 ・出自や伝統の保護	・こだわりのある製品 ・職人技術の伝承 ・伝統の維持と継続	伝統や技術の継続に対する依存度	製品・サービスに対する品質を含めたこだわり
価格	・価値に合った適正価格 ・強気の値付け方針	・価値に合った適正価格 ・控えめな値付け方針	顧客と価格の関係（絶対的か相対的か）	適正価格という考え方
流通	・制御可能な限定された流通チャネルの整備	・製販一体が中心であり，限定的なチャネル展開	流通チャネルの制御	地場を中心とする考え方
プロモーション	・ブランドイメージ伝達 ・ブランド認知の拡大	・宣伝・広告は一切なし ・独特な文化伝承の活動	プロモーション利用ならびに顧客認知の目的	文化伝承や芸術理解への啓発活動

ラグジュアリー戦略と老舗戦略にはいくつかの相違点があり，とくに流通とプロモーションは大きな差があると考えられる。また，共通点としては，アイデンティティ・製品やプロモーションの考え方が似ていると考えられる。

本質的な部分をまとめると，ラグジュアリーと老舗の大きな違いは「成長」と「維持」になり，以下のとおりとなる。

- ラグジュアリー　→　「こだわり」「拡大」
　　　　　　　　　→　稀少性拡大マネジメント
- 老舗　　　　　　→　「こだわり」「継続」
　　　　　　　　　→　稀少性維持マネジメント

つまり，ラグジュアリーと老舗の違いは「稀少性」を拡大するか継続するかのマネジメントスタイルが大きく異なっており，ラグジュアリーも老舗も稀少性という観点からは必要条件であるが，十分条件ではない。両方の戦略に共通していることは，「こだわり」「稀少性」「文化・芸術性」であると考えられる（図 10.1）。

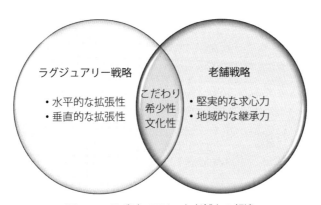

図 10.1　ラグジュアリーと老舗との相違

10.5.3　欧米の老舗企業との違い

欧米にも老舗企業があるため，大きな違いを整理すると，以下の点も考慮する必要がある。

① 創業年度で見ると，日本の老舗のほうが相対的に古い。また，老舗の企業数は日本が圧倒的に多い。（日本の封建体制や鎖国制度が影響，社会

階層の違いもある）
② 日本は「公」的志向が強い。企業は社会の「公器」としての認識が強かった（社会的存在）。また，地域社会との共生も異なり，欧米は宗教論的倫理観を基本とする慈善や慈悲の考え方が中心。
③ 事業継続の意識は日本のほうが強い。家社会を特徴とした日本特有の環境が大きく影響している。
④ 家業永続の商人思想が日本では強く存在する。

10.6 まとめ

　本研究では，国内でも有名な老舗企業の事例分析などに基づき，老舗の本質を考察ならびに定義し，その本質に基づいた老舗戦略の考察ならびに構築を試みた。老舗戦略の要素を詳細に分析すること，当該モデルの客観的な評価分析をすることが必要と考えているため，今後の研究課題として着手する予定である。

　顧客が老舗企業の製品・サービスを消費し続けるのは，老舗の伝統に共感しつつ，他社の製品やサービスでは置き換えることのできない魅力に溢れ，決して容易に他社に真似されないだけの"何か"を兼ね備えているからである。すなわち，老舗は伝統的な商品やサービスを提供するとともに，時代の変化に合わせて提供する"付加価値"も変革させて，新たな製品やサービスを提供している。その原動力となるものが老舗戦略であり，老舗の本質を具現化するものであると考えている。

　昨今の日本経済の低迷は目を覆うばかりであり，高度経済成長の時期と比較すると厳しい時代である。そのなかでも企業は存続し，継続していかなければならない。このような局面で，企業のあり方が問われており，継続を目指した老舗戦略という考え方が今後の企業の進む道に対する選択肢の一つとなり，萎縮した日本企業への示唆を与える。

参考文献

[1] Kapferer, J.N and Vincent, B (2009) "The Luxury Strategy —Break the Rules of Marketing to Build Luxury Brands," Kogan Page（長沢伸也訳（2011）『ラグジュアリー戦略 —真の

ラグジュアリーブランドをいかに構築しマネジメントするか―』，東洋経済新報社）
［2］Kapferer，J.N（2015）"KAPFERER ON LUXURY ―How Luxury Brands Can Grow Yet Remain Rare,"Kogan Page（長沢伸也訳（2017）『カプフェレ教授のラグジュアリー論戦略 ―いかにラグジュアリーブランドが成長しながら稀少であり続けるか―』，同友館）
［3］Christensen，C（2001）The Innovator's Dilemma，Harvard Business School Press．（伊豆原弓訳（2001）『イノベーションのジレンマ』，翔泳社）
［4］Drucker，P.F（1993）"Management ―Tasks，Responsibilities，Practices，"HarperBusiness
［5］足立政男編（1993）『「シニセ」の経営』，広池出版
［6］神田良・岩崎尚人共著（1996）『老舗の教え』，日本能率協会マネジメントセンター
［7］鮫島敦（2004）『老舗の訓　人づくり』，岩波アクティブ新書
［8］帝国データバンク史料館・産業調査部編（2009）『百年続く企業の条件　老舗は変化を恐れない』，朝日新聞出版社
［9］長沢伸也編（2017）『日本のこだわりが世界を魅了する ―熱烈なファンを生むブランドの構築―』，海文堂出版
［10］野村進著（2006）『千年，働いてきました ―老舗企業大国ニッポン』，角川グループパブリッシング
［11］日夏嘉寿雄・今口忠政編著（2000）『京都企業の光と陰 ―成長・衰退のメカニズムと再生化への展望―』，思文閣出版
［12］前川洋一郎・末包厚喜編著（2011）『老舗学の教科書』，同友館
［13］安田龍平編著（2006）『老舗の強み ―アンチエイジング企業に学べ―』，同友館
［14］横澤利昌編著（2000）『老舗企業の研究　100年企業に学ぶ伝統と革新』，生産性出版

第11章 持続的なブランド価値のマネジメント

11.1 はじめに

　本稿では,「技術経営ブランド『シャネル』に学ぶ技術とものづくり継承の手法」[1] で得た示唆をもとに,持続的なブランド価値のマネジメント手法の体系化を目指す。

　1910 年に創業し,100 年以上の歴史を持つフランスのラグジュアリー・ブランド,シャネルの事例考察結果から,確固たる哲学と戦略を背景にしたビジネス展開と,哲学に基づく継続的な革新が成功の要因であることに加え,極めてオーソドックスな手法であることから他の企業への応用可能性の高さが示唆された。2009 年の執筆当時から 10 年近く経過した 2018 年現在,ラグジュアリー業界の主要プレイヤーは増え,消費者の嗜好は複雑化かつ細分化し,競争が激化するなか,勝者と敗者の格差は明確になっている[2]。シャネルはこの厳しい競争下,業績を伸ばしており[3],同社の戦略が持続的なブランド価値マネジメントの成功例として依然として参考になるものであることが伺われる。

　同様に筆者らの研究で,繁栄を続けている老舗ブランドやメーカーでは,創業者の哲学や理念,伝統は守り,継承しつつ,変革するべき部分は大胆に変革し,環境変化に適応することで成功していることが示唆されたことから,本稿では,ラグジュアリー企業の事例を取り上げて考察を行う。

　厳しい競争環境にさらされ,多様化する消費者ニーズへの対応に苦戦しているのは,業界全体で売り上げが伸びているラグジュアリー産業の主要プレイヤーとて例外ではない。消費者は,製品と,その製品が他者に与えるサイン（象徴的な意味）を欲している[4] ので,色,形,素材などの外形的なデザインだけでなく,製品が持つシンボルの要素も価値として検討する必要がある。ラグジュアリー・ブランドには,有形的な外形的要素に加えて無形要素の価値を併せ持つ商品を複数保有し,ブランド価値を高く長く維持・発展させることに成功している例が多く見られる。こうした製品は研究者や実務家から「アイコ

ン」または「アイコン的」と評されているが，その特徴や定義が体系的に整理されているとは言い難く，消費者側の見解が示されたものは存在しない．アイコンプロダクトは企業に持続的な利益をもたらし，旬な価値を長期的に維持することができ，顧客ロイヤルティを獲得するのに役立つ[5]ゆえ，企業に経済的にサステイナブルな成功をもたらす鍵となる重要な存在と位置付けられ，その起源や創出方法を，持続的なブランド価値のマネジメント手法の一形態として明らかにすることは，経営学上，意義があると考えられる．

本稿では，各ブランドが持つ長い歴史のなかで「アイコンプロダクト」と位置付けられているプロダクトの起源から特徴およびその継承と革新の手法についての定性分析に加えて，消費者が評価する「アイコンプロダクト」の要素を定量的に確認する．そして，ラグジュアリー企業はもとより，他業界の企業がアイコンプロダクトを用いたブランド価値の長期的維持・発展方法を応用する際に有用な示唆を得ることを目的とする．考察は，ラグジュアリー・ブランドに関する文献や，日本とヨーロッパで行った消費者へのアンケート結果に基づく．

11.2 考察方法

11.2.1 考察対象

まず，考察対象とするブランド選定を行った．先述したように，本稿では持続的に価値を維持・発展させているブランドから示唆を得ることを目指していることから，公のブランドランキングに複数年ランクインしていることを条件とし，英国の調査会社 Millward Brown Optimor 社によるブランド価値ランキングレポート，BrandZ ラグジュアリー・ブランドランキングのトップ 10 に継続的にランクインしているブランドのなかから考察対象の 8 ブランドを選定した．なお，時計と宝飾品ブランドの価値は原材料や機能の性能への依存度が高く，服飾品や革製品との比較は妥当でないとの判断から除外した．調査対象期間は，調査を開始した 2006 年から 2015 年とした．次に，雑誌記事や各ブランドのホームページなどでアイコンプロダクトとの記述があったものを事前に選定し，ブランド側の認識と相違がないか東京，ニューヨーク，パリ，ミラノ

の各都市にある直営店舗でミステリー・ショッピング形式の聞き取り調査を行い，各ブランドがアイコンプロダクトと認識している 2 製品を選出した（表11.1）。

11.2.2 考察方法

まず各ブランドのホームページや文献を元に定性分析を行い，ブランドの起源，アイコンプロダクトの特徴を抽出し，プロダクトの特徴がブランド起源とどのようにどの程度関連しているのかを示した。次に，消費者がアイコンプロダクトらしさを判断する際に何を重視しているのかを確認する目的で，定量調査を行った。ラグジュアリー・ブランドに関する文献をもとに，ラグジュアリー・ブランドのアイコンプロダクトを構成する要素を抽出し，16 プロダクトそれぞれのカラー写真を見せ，19 項目の評価用語と 1 項目の全体質問を 5 段階のリッカート尺度を用いたアンケート調査（表 11.2）を 3 つの母集団に対して行った。

表11.1 アイコンプロダクトリスト

ブランド名	アイコンプロダクト	分類
ルイ・ヴィトン	キーポール	鞄
	スピーディ	鞄
エルメス	バーキン	鞄
	カレ・スカーフ	小物
シャネル	チェーン・ショルダーバッグ	鞄
	スーツ	洋服
グッチ	バンブー・バッグ	鞄
	ホースビット・ローファー	靴
フェンディ	毛皮コート	洋服
	バゲット	鞄
アルマーニ	ジャケット	洋服
	ドレス	洋服
プラダ	ナイロン・トートバッグ	鞄
	ナイロン・バックパック	鞄
バーバリー	トレンチコート	洋服
	バーバリー・チェックマフラー	小物

ヨーロッパの潜在的消費者として，イタリアのボッコーニ経営大学院生（ビジネススクール）およびボッコーニ大学ファッション専攻の大学生を対象に 2014 年 3 月，日本の潜在的消費者として，早稲田大学ビジネススクール社会人大学院生を対象に 2014 年 7 月に実施し，合計有効回答数は 102 件であった。ラグジュアリー商品に関する調査対象の妥当性については，母集団の属性の重要性がたびたび指摘されている。本稿における対象は，教育レベルが高度な消費者ほどラグジュアリー商品を購入する可能性が高いというカプフェレの

指摘[6]に条件が合致しており，選定は妥当であると考えられる．さらに，調査結果を主成分分析し，消費者が商品をアイコン的であると評価する際に重視している要素を抽出した．解析には統計解析ソフト SPSS を使用した．加えて，ポジショニングマップで，消費者が各アイコンプロダクトのアイコンらしさをどのように評価しているのか示した．定性分析結果と定量分析結果の比較考察結果から，企業側の認識と消費者の解釈における差異を見いだし，ブランド価値マネジメントに有用な示唆を得ることを目的とした．

表 11.2 アンケート調査票

	この商品は以下の要素によってアイコン的だと思う	強くそう思う	そう思う	どちらでもない	そう思わない	まったくそう思わない
1	色	5	4	3	2	1
2	形	5	4	3	2	1
3	素材	5	4	3	2	1
4	ブランドロゴ	5	4	3	2	1
5	ブランド名	5	4	3	2	1
6	パーツ	5	4	3	2	1
7	柄，模様	5	4	3	2	1
8	歴史	5	4	3	2	1
9	逸話・伝説	5	4	3	2	1
10	人	5	4	3	2	1
11	原産国	5	4	3	2	1
12	ラグジュアリーな雰囲気	5	4	3	2	1
13	高貴な雰囲気	5	4	3	2	1
14	伝統	5	4	3	2	1
15	文化	5	4	3	2	1
16	流行性	5	4	3	2	1
17	クリエイティビティ	5	4	3	2	1
18	独占感	5	4	3	2	1
19	全体的なデザイン	5	4	3	2	1
20	この商品はアイコン的だと思う	5	4	3	2	1

11.3　先行研究

　アイコンプロダクトはラグジュアリー・ブランドの価値形成に不可欠な要素として捉えられている。（ラグジュアリー）ブランドには，過去からの流れをくみ，そのブランドを伝説のブランドに昇華させうる伝説的な商品が必要であり，アイコンプロダクトなくして伝説のブランドにはなりえないとするGirón[7]，ラグジュアリー産業においては，商品がブランドに先んずるものであり，アイコンプロダクトでブランドアイデンティティが構築されるとするカプフェレ[6]やコルベリーニらの研究[5]，アイコンプロダクトはラグジュアリープロダクトの中心的な存在であり，真贋性，高い品質，類まれな特徴を備えているゆえに熱望されると唱えるHoffmannら[8]などが代表例である。さらにカプフェレ[6]は，シャネル，エルメス，カルティエといったブランドを例示し，自社独自の経典に則ってある商品をアイコンプロダクトに昇華させていると評価している。アイコンプロダクトがもたらす利益について，Girónはコルベリーニらと同様に，その価値が普遍的で高価格を付することが可能なだけでなく，価値の可視化を可能にし，長く売れて高利益率をもたらす点を挙げ，高く評価する[5][7]。

　このように，アイコンプロダクトの経済的なメリットを指摘する研究が存在する一方で，アイコンプロダクトの無形価値の重要性を唱えている研究もある。デザイン全般の重要性を説くEsslingerは，成功している企業がデザインは単に見た目を良くするだけのものではないことを理解していると説明している[9]。21世紀におけるデザインの効果の定義変化を挙げ，デザインが消費者の欲望を喚起するような経験をもたらす役割を担うようになったというGreeneの主張[10]をより具体的に説明しているのがPinkhasovらの研究[11]である。グッチのローファー（シューズ），アップルのパソコン，イームズのアームチェアといった商品を挙げ，これらは単なるデザインの対象物であるだけではなく，クオリティコンセプト，素材，デザインなどの要素の組み合わせに従ってつくられたラグジュアリーなものであり，こうした要素があるからこそ，これらの品はアイコン的になりうるとする主張の妥当性は，ラグジュアリー製品の価値はその品質と（一般的な商品よりも）優れた外見によるものであるというChevalierらの説明[12]により裏付けられる。

このように，ラグジュアリー・ブランドにおけるアイコンプロダクトの重要性や位置付けについて一定の説明は確認できるものの，消費者側の解釈について，とくに理論的な裏付けのある定量的な研究が十分にあるとは言い難い。

11.4 考察結果

11.4.1 定性分析

本項では，調査対象ブランドの起源，アイコンプロダクトの特徴を洗い出し，プロダクトの特徴がブランド起源とどのようにどの程度関連しているのかを示す。

(1) ルイ・ヴィトン

1854年，ルイ・ヴィトン・マルティエはパリで創業し，富裕層向けの旅行鞄の製造を始めた。同社の起源は長い歴史と，質が高い製品を創出する高い技術に根ざしている。1858年にはグリ・トリアノン・キャンバス製のトランクを発表した。旅行鞄が革製で，積み上げられない形状で，重たいものが一般的であった当時，軽量で複数積み上げられ，防水加工が施された同社製品は画期的であった。

アイコンプロダクトのキーポールは，「すべて（all）持つ（keep）」ことができるという機能に因んで名付けられた。キーポールをアイコンプロダクトたらしめる主な特徴はボストン型であることと，最高級の牛革製の丸みを帯びた持ち手にある。

次いで発表されたスピーディは，キーポールの小型版に位置付けられている。キーポールと非常に似かよっている同製品最大の特徴は日常的に使用できる機能的な鞄という機能を考慮したサイズにある。スピーディに物事が進んでいく現代的な生活様式に合わせてつくられた。

いずれのプロダクトにも，目立つ部分にブランド名は付いていないものの，その普遍的な外見や耐久性から，同ブランド製品であることがわかる。このように，両プロダクトにブランド起源と特徴との高い関連性が示されていると言えよう。

(2) エルメス

　1837 年，ティエリ・エルメスがパリで高級馬具の工房として創業し，卓越した職人技術によって瞬く間にトップブランドの地位を確立した。同社は市場の環境変化に適応すべく革製品，スカーフ，ネクタイ，服飾品，時計，香水，文具，テーブルウェア，宝飾品などに多角化し，事業を拡大した。

　アイコンプロダクトの一つ，バーキンは，有名なフランス人女優で歌手のジェーン・バーキンに因んで名付けられたバッグである。彼女は同製品のデザインにも多大な影響を与えた。5 代目ジャン・ルイ・デュマが，飛行機で隣の席に居合わせた際に偶然聞いた機能性の不満に応えて製作し，プレゼントしたものが原型となった。この革製鞄は 2 本の持ち手と「クロシェット」と呼ばれる鍵を収納したストラップ付きの革製パーツ，「カデナ」と呼ばれる錠のパーツなどが特徴として挙げられる。ブランド名は目立つ場所に冠されていないものの，素材や独自の形状，パーツなどの特徴から一目でエルメス社のバーキンバッグであることがわかる。

　スカーフ「カレ」は 1937 年に発表された。同社のスカーフデザイナーらは長い期間をかけて新柄を生み出し，原画デザイナーが絵に着手し，寸分の違いもなく転写する職人，印刷工，自然素材を用いた染色法を駆使するカラーリストなどの手を経て，シルクスクリーン印刷技術，手縫いによる仕上げに至るまで 2 年余りかかるという[13]。経営者であるデュマ自らが作業の一切を統括しているカレは，1 枚 1 枚にブランド起源やアイデンティティに紐づいた色やモチーフが配されたデザインになっており，スカーフとして具現化する過程は，同社のアイデンティティでもある卓越した職人技によって支えられている。

　2 つのアイコンプロダクトが持つ特徴は，他製品にも応用され，新たなプロダクトラインの創出にも貢献している。さまざまな色や大きさで展開されているバーキンバッグを構成する特徴は，ベルト，手袋，時計，アクセサリーをはじめとする多様なプロダクトラインで用いられているだけでなく，代表的なスカーフのモチーフとしても度々採用されている。このように，両アイコンプロダクトには，ブランド起源と特徴との強い関連性が見られる。

（3）シャネル

　1910年，ガブリエル・シャネルはパリで帽子店を始めた。シンプルでエレガントな機能性を重視したデザインが特徴で，その後もシャネルはこの3点を重視したスタイルと製品を創出し続けた。たとえば，リトルブラックドレス，ショルダーバッグ，2色使いのバイカラーシューズ，ツイード製のスーツなどは，革新的なスタイルとしてファッション界を席巻した。

　ココ・シャネルは，女性が両腕を自由に使えるようにするために，兵士が戦場で使っていた雑嚢の一種からヒントを得て，肩掛け式のバッグを考え出した。ショルダーチェーンがないバッグは，どちらかの腕で抱えていなければならず，片手を使うことができない。発売当時の1929年にはキルティングのポーチという形で発表され，その後，改良を重ねて現代まで受け継がれ，さまざまな素材・色・形でシャネルの人気と財源を支えている。腕をバッグから解放するための肩掛け機能，不用意にバッグが開かないようにするための折り返し機能，収納力を考慮した広いマチ，利便性を考慮した内ポケット，バッグを強化し，型崩れを防ぐために施されたマトラッセと呼ばれるキルティング加工，重い荷物に耐えられるように，革ヒモに編み込まれたチェーンなど，いずれも外形的なデザイン目的のみならず，ブランド創業者であるココ・シャネルの哲学と精神がプロダクトの形で表されたものであると解釈することができよう。

　1917年，後にスーツの原型となるロングジャケットとふくらはぎ丈のスカートのアンサンブルを発表し，1924年，元々男性用の素材であったツイードに出会ったココ・シャネルは，ブランドを象徴する存在となる女性用のスーツに採用した。スタイルにせよ，素材にせよ，機能性と着心地を重視したこの女性服は，後に「シャネルスーツ」と呼ばれるようになった。この製品には，さまざまな技術と工夫が見られる。シンプルかつエレガントで機能性が高いという点を最も重視するブランド哲学を貫いたデザインを実現するために，体の動きにフィットさせる目的で用いられている高度な縫い目のステッチ技術，ブレード（飾りひも）による縁取り，カフス，飾りではなく開けて袖口を折ることもできる袖口のビジューボタン，カロン，表布と同じくらい上等な裏地，上着の裾が落ち型崩れしないように裏側に取り付けられたチェーン，実際に手を入れることができる飾りでないポケットなどが採用されている。「それまでモード

はメイドが手を貸さなければ着ることができないような，暇で役立たずな女性のためのものだった。けれど私は生き生きと行動する女性たちを相手に服をつくりました。活動的な女性には着心地のよい服が必要です。女性の服に，新しさと真の実用性が必要で，動いたり歩いたり，働いたり，生活したりすることができなくてはならないのです」[13]というシャネルの主張を技術として発展させ，スーツの形態で具現化したものである。

　今日まで，基本的なアイコン的要素を保ちつつも，スーツ自体にさまざまなバリエーションが加わっている。さらに，シャネルスーツを構成するアイコン的な要素は，化粧品，アイウェア，スカーフ，アクセサリー類，革小物類，店舗の家具などにも幅広く用いられている。このように，プロダクトを構成するパーツやスタイルはいずれもブランド起源に紐づいた形で表象化されており，単なる審美的目的でデザインされたものではないことが示唆されている。

（4）グッチ

　1921年に，旅行鞄などを扱う高級皮革製品店として創業し，販売や修理を行いつつ技術の蓄積も行っていたが，やがて革製品，靴，被服，絹製品，時計，ファインジュエリーなどに手を広げていった。スイス製の時計を除いて，すべての製品はイタリアで生産される。

　1947年，グッチは戦時下で同ブランドの高い品質基準を満たすのに足る革や金属素材など原材料不足に悩まされていた。これを解消するため職人らにより行われた革新的な工夫の結果誕生したのが，バンブー・バッグである[15]。鞍をイメージして丸みを帯びたバッグ本体に付けられた，竹を湾曲させてつくったハンドルは，同プロダクトの特徴となっているだけでなく，革小物やアクセサリーをはじめとする他のプロダクトにも幅広く応用されて，ブランドの起源と哲学を付与する重要な役割を担っている。

　もう一つのアイコンプロダクト，ホースビット・ローファーは同ブランドのクラシックスタイルとして中核的な存在となった。モカシンと呼ばれる一枚革で靴底や側面，爪先を包んで，甲の部分にU字型の革を当て，それに革紐を通した靴に，馬具の馬銜（ビット）型の金属パーツを付けて1950年代初頭に発売した。本体は上質な革を選び抜く審美眼と蓄積してきた革加工技術を駆使して，同社のハンドバッグに使用していた革を用いてつくられた。ビットに因ん

で，ホースビット・ローファーと呼ばれるようになり，男女両方から支持されることとなった。有名男優のクラーク・ゲーブルやフレッド・アステアといったセレブリティから愛好されたことも価値を押し上げる要因となった[15]。現在まで，基本的なデザインを応用して，さまざまな色や素材の靴だけでなく，ビット型の金具はブランドのアイコン的モチーフとして他製品に幅広く応用されている。

　いずれのアイコンプロダクトも，ブランドロゴや名前が付いていなくても，その独自の形状やパーツから同ブランドのプロダクトであると一目で認識することが可能で，同ブランドの起源や歴史によって支えられている高い価値とそれに伴う価格の正当性を説明する根拠として，ブランド価値の維持・発展に大きく貢献している。

(5) フェンディ

　フェンディは1925年，アドーレ・フェンディ，エドアルド・フェンディ夫妻がローマで革製品店として創業し，高度な技を持つ毛皮職人を雇い，極めて精緻な縫製，織加工，プリーツなどを特徴とする毛皮コートをはじめとする毛皮製品を製造・販売するようになった。1965年にはカール・ラガーフェルドをデザイナーとして採用し，古いイメージの毛皮製品に軽さと柔らかさとファッション性の高さを付与してイメージ刷新を行った。主軸事業は毛皮であるが，高級革製品や毛皮，バッグの他にも服飾，香水，アクセサリー，サングラス，インテリア製品まで幅広く手がける。

　厳しい競争市場での生き残りをかけて，1997年にはハンドバッグのバゲットを発表した。バゲットパンに形が似ていることから名付けられた同プロダクトには，ブランドの頭文字Fを組み合わせたパーツが付いている点が特徴的である。基本の形やパーツを踏襲しつつ，毛皮やレザー，キャンバス地などさまざまな素材を用いて，有名人とのコラボレーションモデルなど，1000種類を超えるバリエーションが創出されている。バゲットの売り上げの影響で，グッチ，プラダ，LVMHなどの競合他社が買収に乗り出した[16]事実があるほどの経済価値と，古風な毛皮ブランドからイメージを刷新させ，先端を行くラグジュアリーファッションブランドのイメージをもたらした。

（6）アルマーニ

1975 年，ジョルジオ・アルマーニはイタリアでファッション性と快適さと黒，ソフトグレー，ベージュなど独自のダークトーンの色使いを特徴とする男性用ブランドを始めた。最もブランドを象徴するプロダクトはジャケットで，アンコンストラクテッド・ジャケットと呼ばれる。素材，シルエット，着心地の良さを追求したデザインを特徴としている。当時の北イタリアでは，ジャケットに肩パッドや芯などを用いて構築するクラシックなジャケットが主流であったため，これらの資材を取り除いた製法やアルマーニのデザインコンセプトは画期的なものと捉えられた[17]。アルマーニは，肩のラインを落とし，詰め物だらけのジャケットから解放し，ボタンや襟の位置を下げ，重量，色，質感のすべてが軽い素材を使って構築的なスーツを解体した[18]のである。続いて，同じコンセプトを採用した女性用コレクションを発表して高い評価を得た。ジャケット類だけでなく，女優，歌手，有名人たちがレッドカーペットなど公の場で着用するドレスをデザインして愛好されたことから，ブランド価値が上がっていくこととなった。スーツとドレスのアイコンプロダクトで名声を高めた後に，アルマーニはブランドラインやプロダクトを多角化し，革製品，アイウェア，時計，香水，化粧品，ホテル，レストラン事業など多角的に展開している。

（7）プラダ

1913 年，マリオ・プラダが，ミラノに高級な旅行用品や小物の専門店を開業し，上質な素材と高度な職人技を特徴とするブランドとして富裕層に愛好されるようになった。

1987 年に創業者の孫，ミウッチャ・プラダがデザイナーに就任し，後にアイコンプロダクトとなる黒い工業用ナイロン製の肩掛けバッグとバックパックを発表した。同プロダクトに採用したナイロン「ポコノ」の特徴はその軽さと耐久性にあり[19]，女性が日常的に使用するのに適していたが，発売当初の売り上げは思わしくなかった[16]。そこでミウッチャ・プラダはマリオがトランクに付けていた小さい三角形のラベルに社名とミラノの地名，そしてイタリア王室御用達の証である王冠を加えてナイロン製バッグに付けた。1988 年，初の婦人服コレクションをショールームで発表した際，雑誌編集者の目にとまった

のをきっかけに急激に広まり，同ブランドを代表するプロダクトとなった．プラダは同プロダクトの躍進によってグローバル企業へと拡大した．

(8) バーバリー

1856 年にイギリスで創業したトーマス・バーバリーは 1879 年，通気性に優れ，悪天候に強い革新的な新素材のギャバジンを考案し，従来の重く，着心地の悪いアウターウェアに革命をもたらした．トレンチコートは 20 世紀初頭の兵士たちが着るために開発されたものであり，1895 年のボーア戦争の際，イギリス人士官用に着用されたタイロッケンコートに修正を加えたものであった．寒さや風雨から身を防護するための機能を付与したトレンチコートは，終戦後も市民から広く支持されるようになり現在に至る．1924 年にはコートの裏地として使用されていたバーバリー・チェックにブランドを象徴する柄として焦点を当てる方針を打ち出した．それ以来，革製品，スカーフ，ネクタイ，靴，傘，被服をはじめ幅広く用いるようになり，世界中に認識されるようになった．

2006 年から同社の CEO に就任したアンジェラ・アーレンツは，プロダクトラインが過度に多角化され，ブランド起源と乖離していた状況に危機感を覚え，立て直しを図った[20]．300 以上の色，素材，デザインのトレンチコートを発表，すなわち同ブランドのコアプロダクトであるトレンチコートを中心に据えた戦略を採用した結果，業績は急激に回復し，2011 年までには主要なラグジュアリー・ブランドランキングのトップ 10 リストに復帰するまでになった．

11.4.2 定量分析

本項では定量分析の結果を示す．前項で行った各ブランドのアイコンプロダクトの特徴を，消費者がどのような意味合いと位置付けで認識しているのかを確認することが本項の目的である．最初にアンケート結果を主成分分析し，消費者がプロダクトをアイコン的であると評価する際に重視している要素を抽出した結果を表 11.3 に示す．

分析結果から，消費者はアイコンプロダクトらしさを主に無形要素，すなわち独占感，クリエイティビティ，流行性，高貴な雰囲気などに見いだしていることが示された．全体的なデザインについては，有形要素と捉えることもでき

表 11.3　主成分分析結果

	第1因子		命名	第2因子		命名
無形要素	独占感	0.792	特別感	歴史	0.802	ヘリテージ
	クリエイティビティ	0.714		逸話，伝説	0.794	
	流行性	0.709		人	0.665	
	全体的なデザイン	0.706				
	高貴な雰囲気	0.668				
	第3因子		命名	第4因子		命名
有形要素	ブランド名	0.844	ロゴ・名前	パーツ	0.726	形・素材
	ブランドロゴ	0.839		素材	0.696	
				形	0.667	

Rotated Component Matrix（< 0.65）

るが，色，素材，形のように具体的な意匠的要素と比較すると，そのプロダクトが醸し出す雰囲気的な意味合いが強いと解釈した場合，無形要素に分類することができるであろう。また，商品にまつわる逸話や伝説，背景にある歴史，関連する人物など，ブランドのヘリテージに関する要素が重視されていることが示された。ラグジュアリー・ブランドにとって，ヘリテージは単なる懐古趣味ではなく，ブランドの過去とのつながり，そこから生み出された哲学，商品とブランドの一貫性を持ち，未来の変化へとつながるものであり，最も重要な要素である[12]。消費者はブランドの長い歴史と伝統を重んじ，高く評価するゆえ，ヘリテージはブランドポジショニングとイメージに重大な影響を及ぼす[5]ことが，分析結果にも見られた。有形要素については，色，素材，形といった外形的な特徴を示す要素よりも，ブランド名やブランドロゴなど，対象プロダクトとブランドを直接的に結び付けやすい要素が，アイコンプロダクトらしさとして重視されていることが明らかになった。

　次に，消費者が各アイコンプロダクトのアイコンらしさをどのように評価しているのかをポジショニングマップで示した結果，エルメス，シャネル，バーバリーのプロダクトは，主に無形要素が高く評価されている（図11.1）一方で，グッチとプラダについては，有形要素が評価されている（図11.2）。ルイ・ヴィトンについては，いずれかの要素で評価が高いブランドと比較すると，い

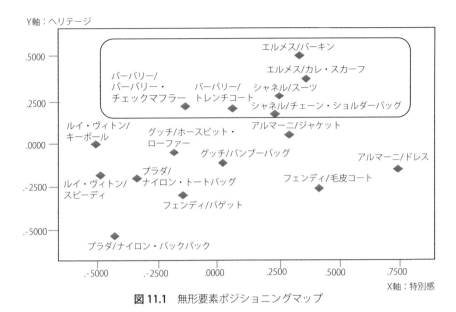

図 11.1　無形要素ポジショニングマップ

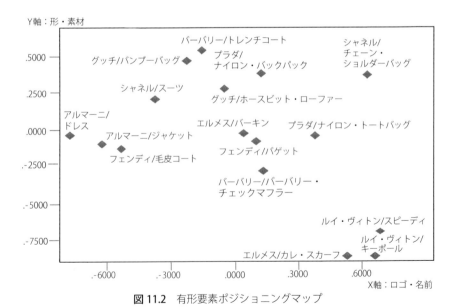

図 11.2　有形要素ポジショニングマップ

ずれの要素も低く評価されていることを示す結果であった（図 11.1，図 11.2）。アルマーニのドレス，フェンディの毛皮コートについては，いずれもプロダクトの素材や性質から，流通量が少なく，特別感が高く評価されており，ドレスや毛皮コートと比べると生産・流通量が多いスーツやバッグの特別感が低評価であるのに対し，プロダクトに名前やロゴが付与されていないドレス，スーツ，毛皮コートは形・素材要素が高評価との結果が出たのは妥当と言えるだろう。プラダは無形要素の評価が低く，消費者はアイコンプロダクトらしさを，そのプロダクトの顕著な特徴であるブランド名を冠したロゴに見いだしている。

11.5 おわりに

アイコンプロダクトを構成する価値と消費者側の認識を確認するために行った定性分析結果と定量分析結果の比較考察結果から以下の示唆を得た。

アイコンプロダクトにはブランド起源との一貫性が顕在化されていることが重要である

クリエイティビティ，高貴な雰囲気，歴史，逸話，人物など，その有形物であるプロダクト誕生の背景にあるブランドの無形要素を構成する要素に一貫性があり，かつ消費者に認識しやすいデザインか，認識されている状態を維持することが重要であることが明らかになった。これについて，エルメス，シャネル，バーバリーの手法は他企業にとって有益な示唆を与えうると考えられる。一方で，有形要素が高く評価されているにもかかわらず，無形要素の評価との差が見られたブランド，同ブランド内でプロダクト間の評価に差が見られたブランドについては，価値のマネジメント方法に工夫をする余地があるとの見方ができる。無形要素を豊富に有していても，それらが顕在化されているプロダクトがなければ経済価値に変えることは困難であることから，有形価値と無形要素の両者をバランス良く顕在化させる企業努力は必須であり，他業界や他企業に，本稿で示したブランドからの示唆を応用する意義があると考えられる。

外形的に優れたデザインはアイコンプロダクトとして消費者から評価されるための十分条件ではない

　定量分析の結果から，ブランドが無形要素の価値を再考察することの重要性が示された。Pinkhasovらが主張しているように，ラグジュアリー・ブランドは戦略的に自らが創出する価値に加えて，消費者に価値を伝える手法のマネジメントを行う必要がある[11]のは自明の理であるが，デザイナーや創業者交替後も価値毀損のリスクを回避しなくてはならないのはすべての企業に共通である。ゆえに，アイコンプロダクトのように，無形要素との強い関連性や一貫性が顕在化した有形価値を創出し，その価値を維持・発展させていく力が持続的なブランド価値につながると考えられる。独自性や美しさといった外形的な要素単独では，長期的にブランド価値の核を支えるアイコンプロダクトとして消費者から支持されるのに十分ではない。アイコン的無形要素を認識した上で，プロダクトとして戦略的かつ一貫性を保って顕在化させていくことの重要性が考察結果から示唆された。

　高付加価値なプロダクトを基にブランド価値を持続的に維持・発展させている事例として，ラグジュアリー産業のなかから選出した8ブランド16プロダクトについて，定性的かつ定量的に考察し，一定の示唆を得たことが本稿の成果である。しかしながら，考察対象の数やプロダクトの種類が限定的であることや，定量評価で使用したアンケート調査の被験者数や属性についても検討の余地が残されており，今後の研究課題としたい。

参考文献

[1] 杉本香七，長沢伸也：技術経営ブランド「シャネル」に学ぶ技術とものづくり継承の手法，日本感性工学会論文誌，8（3），pp.893–898，日本感性工学会，2009.
[2] ベイン&カンパニー：世界の高級品市場レポート，2017年5月29日，http://www.bain.com/offices/tokyo/ja/press/worldwide-luxury-goods-study-spring-2017-tokyo.aspx（2018年7月1日）.
[3] Robert, W., and Katya, K.: Chanel Opens Its Books for the First Time, 2018, June, 21, https://www.bloomberg.com/news/articles/2018-06-21/chanel-postssales-of-almost-10-billion-rivaling-louis-vuitton（2018年7月1日）.
[4] Barthes, R.: Système de la Mode, Points, 1967（佐藤信夫（訳）：モードの体系，みすず書房，1972）.
[5] Corbellini, E., and S. Saviolo.: Managing Fashion and Luxury Companies, Etas, 2009.

［6］ Kapferer, J.N., and V. Bastien.：The Luxury Strategy, Kogan Page, 2009.
［7］ Girón, M.E.：Inside Luxury：The Growth and Future of the Luxury Goods Industry：A View from the Top, LID Publishing, 2010.
［8］ Hoffmann, J. and Coste-Manière, I. (eds.)：Luxury Strategy in Action, Palgrave Macmillan, 2012.
［9］ Esslinger, H.：A fine line：How design strategies are shaping the future of business, John Wiley & Sons, 2009.
［10］ Greene, J.：Design is how it works：how the smartest companies turn products into icon, Penguin, 2010.
［11］ Pinkhasov, M., and Nair, R.J.：Real Luxury：How Luxury Brands Can Create Value for the Long Term, Palgrave Macmillan, 2014.
［12］ Chevalier, M., and Gutsatz, M.：Luxury retail management：How the world's top brands provide quality product and service support, John Wiley & Sons, 2012.
［13］ 浅野素女, 山本淑子：カレ物語 ―エルメス・スカーフをとりまく人々, 中公文庫, 2002.
［14］ ダニエル・ボット（監修）, 高橋真理子（訳）：CHANEL, 講談社, 2007.
［15］ 長沢伸也, 小山太郎, 岩谷昌樹, 福永輝彦：グッチの戦略 ―名門を3度よみがえらせた驚異のブランドイノベーション, 東洋経済新報社, 2014.
［16］ ダナ・トーマス（著）, 実川元子（訳）：堕落する高級ブランド, 講談社, 2009.
［17］ Tungate, M.：Fashion Brands：Branding Style from Armani to Zara, Kogan Page Publishers, 2012.
［18］ Breward, C.：Fashion, Oxford University Press, 2003.
［19］ Johnson, A.：Handbags：900 Bags to Die for, Workman Publishing, 2002.
［20］ Ahrendts, A.：How I Did It：Burberry's CEO on Turning an Aging British Icon into a Global Luxury Brand, Harvard Business Review, January/February, 2013.

第12章 感性価値創造を促すプロセスとは

12.1 はじめに

　産業革命以来，近代科学技術はモノを大量につくり出し，人々に物質的な豊かさを提供してきた。学問分野においても，工学は新しい技術や機能を実現することで社会に貢献してきた。工学では長い間，新しい技術や高機能を実現することが成果とされてきた。しかしながら現在では，高機能な製品が必ずしも人々に求められ，受け入れられるとは限らない。単なるモノづくりを超え，人とモノの関わる姿を考慮した上で，人々が真に価値を見いだすモノやサービスを提供する必要がある。

　人間が豊かさや幸せを感じるとき，その感情の源泉となるのが「感性」である。従来，工学の分野では感性より知識が，主観より客観が優先されてきたのに対し，「みんなにとって有用・快適な技術というのは存在しない。個々人の感性の問題だ」という認識は学術の世界にも広がってきている。昨今，人工知能（AI）技術の進化が話題となっており，日常生活でのさまざまな局面でAIを用いたシステムやサービスが使われるようになっている。AIが人間を超え，AIに仕事を奪われる日が到来するといった危機感を口にする研究者やジャーナリストも少なくない。人間がAIに脅かされるのではなく，AIをツールとして駆使して真に人間らしく心豊かに生きていくためには，AIが人間の感性を正しく反映したものである必要がある。AIだけでなく種々のシステム，サービスなどが人それぞれの感性，コミュニティごとの感性を反映したものに進化するためには，感性価値創造プロセスを上手に促す必要があると筆者は考えている。ここでは，筆者らの提案する感性価値創造プロセスモデルの枠組みを紹介し，そのプロセスモデルに従って展開している研究事例を紹介する。また，商品開発のプロセスを感性価値創造プロセスモデルの観点から見ることにより，感性価値創造を効果的に行うために商品開発ではどのような工夫が必要かについて考える。

12.2 感性価値創造を促すには

12.2.1 知識社会と知識創造

組織経営においては「ヒト・カネ・モノ」の3つが重要であると言われる。資本（カネ）で労働者（ヒト）を雇い，生産に必要な設備（モノ）を所有することによって，製品をつくったりサービスを提供する。しかし，情報化社会にあっては「ヒト・カネ・モノ」に加えて知識が重要な役割を果たすようになっている。ドラッカーはすでに1950年代に知識労働者（ナレッジワーカ）という概念を提唱し，知識の重要性が増す「知識社会」が到来すると予見した[1]。現実に多くの企業で「知識によってこそ企業のコアコンピタンスが高められる」という認識が広まったのは，IT技術の進展が進んだ1980年代から1990年代にかけてであり[2]，ドラッカーの先見の明には感嘆するばかりである。

知識社会では，組織内でいかに知識創造を促すかが重要な課題である。知識創造に関する代表的な理論として野中らによるSECIモデルがある（図12.1）。野中らは組織を「知識を創造する装置」として捉え，組織内で暗黙知と形式知の変換を繰り返してスパイラル状に組織の知識レベルが向上するとした[3]。SECIモデルとは，共同化（Socialization），表出化（Externalization），連結化（Combination），内面化（Internalization）という4つのプロセスの頭文字を取った名称である。知識創造を促すにはSECIモデルのスパイラルを上手く回

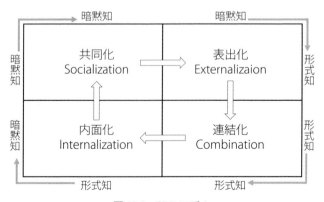

図 12.1 SECI モデル

す必要がある．知識が組織に価値をもたらす知識社会においては，それぞれの組織で4つのプロセス各々について得意なキーパーソンを配置したり，有用なツールや対話の場を導入するといった工夫や努力を行っている．

12.2.2 感性社会と感性価値創造

情報化社会が知識社会であるとするならば，今後はむしろ感性的な価値が優位となる「感性社会」となるだろう．実際，感性社会はすでに到来しているとも考えられる[4]．高い機能価値を提供することによってモノが売れていた時代は過ぎ去り，顧客の価値観にマッチする商品やサービスの実現が経営現場で重要な課題となっている[5]．我が国でも経済産業省が「感性価値イニシアティブ」として取りまとめ，2008年からの3か年を感性価値イヤーとして感性価値イニシアティブの定着を重点課題として取り組みを行った[6]．伝統的に機能価値の創出が重視される工学の世界でも，機能価値だけでは魅力的なモノはつくれず，感性価値が重要だという認識は広まっている．機能価値は十分に整えられ，知識の部分はAIが取って替わるとされるなかで，人間が人間らしく生きるには感性価値がますます重要になるであろう．ポスト知識社会は感性社会と言えよう．

知識社会で知識創造をいかに促すかが重要であるのと同様，感性社会では感性価値をいかに創造するかが組織や社会にとって重要な課題となる．感性というと，個人の主観や好みの問題であり客観的に取り扱うのは難しいとされてきたが，曖昧さや主観を含む感性を客観的に厳密に扱おうとするのが感性工学である．感性工学では，従来は「知識」として取り扱うことが難しかった「感性」を「知識」として取り扱おうとする．すなわち，感性を知識に変換するプロセスを通して感性を解明しようとしてきた．このような感性工学の考え方を，筆者らはSECIモデルの知識創造プロセスとのアナロジーで捉え，工学的な手法によって感性と知識の変換を繰り返してスパイラル状に感性価値が創出されるという感性価値創造プロセスモデルを提案した[7]．以下では提案モデルについて紹介する．

12.2.3 感性価値創造プロセスモデル

筆者らは，感性と知識の変換を繰り返すプロセスを通してスパイラル状に感性価値が創造されると考え，価値創造プロセスモデルを提案した。提案モデルは，観察，計測，モデリング，実装の4つのフェーズを経ることにより，従来は工学的な手法で扱うことの難しかった人々の感性的な側面に工学的な手法を適用し，その知見を活かしてより良いモノを提供し，さらに人々の感性を満足させることができる（すなわち価値創造がなされる）と考える。

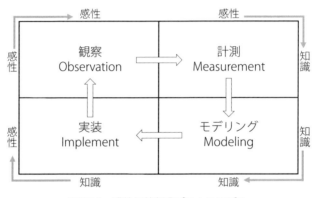

図 12.2 感性価値創造プロセスモデル

(1) 観察（Observation）

エンジニアは新しい技術を使ってモノをつくって提供しようとする。新しい技術や新しいモノには価値があると考えるからである。しかし，小坂が「価値はお客さんの頭の中にしかない」と言う[8]ように，実際にモノやサービスを使って価値を感じるのは顧客である。モノを提供してから「どう感じているか」を調べるのでは手遅れである。価値創造のためには，まず対象となる人々の生活や挙動を観察し，その人にとっての価値がどこで創造されるのかを知ることが重要である。対象者がどこで価値を感じるか，どこで価値が創造されるかは，まさにその人の感性である。エンジニアは観察を通して対象者の感性を共感する。すなわち，対象者の感性がエンジニアの感性に移転する。

(2) 計測（Measurement）

　観察フェーズでは，対象者の感性は会話や挙動のなかで表現されており，数値などのデータとしては表現されていない．感性を工学的に取り扱うのが難しいとされてきた点である．しかし現在，感性工学の分野では人々の主観的な好みや感覚を計測するための感性計測技術が進んでおり，多くの場合，エンジニアが対象者の観察を通して把握した感性を計測して分析することは可能である．また，従来の技術では計測が難しいとされている「良い雰囲気の話し合い」などの場合についても，後述のとおり雰囲気に寄与する特徴を抽出し工学的な手法で数値化するための方法を提案する研究を試みている[9][10]．計測フェーズでは，感性を工学的に取り扱えるように変換する．すなわち，感性計測，感性工学の知見を適用し，感性を知識に変換する．

(3) モデリング（Modeling）

　計測フェーズで取得された特徴や数値データを分析すると，対象者の感性に関するモデルが構築できる．個々の計測データは個別の知識であるが，それぞれの関係を分析することによってモデルとして体系化することができる．知識を統合して体系的な知識（モデル）を構築するのがモデリングフェーズである．モデリングも計測と同様，工学的な手法や知見が有用なフェーズである．

(4) 実装（Implement）

　モデリングフェーズで構築されたモデルを適用して，新たなモノやサービスを提案し，実装する．ここで提案されるものは，観察，計測，モデリングのプロセスを経て，対象者が感性価値を感じる特徴を有していることが期待される．感性価値創造のサイクルを一巡することで，その領域や対象者に関する感性価値はスパイラル状に向上していると考えられる．2巡目のサイクルでは，実装されたモノやサービスを用いた場合の対象者の挙動を観察し，(1)～(4)のフェーズを繰り返す．

12.3 プロセスモデルに従った研究の推進

　前節では，感性価値が重要視される感性社会において，感性価値創造を促すためのモデルとして筆者らが提案した感性価値創造プロセスモデルについて紹介した。このモデルは，従来は工学的に扱うことが難しかった感性的なものごとを工学的に扱えるようにするための枠組みでもある。筆者らは，この枠組みに従ってさまざまなテーマで研究に取り組んでいるが，ここではその一例として合意形成に関する研究[9][10]について紹介する。

12.3.1　観察フェーズ

　日常生活ではさまざまな場面で合意形成が必要となる。合意形成ではコミュニケーションによって互いの意見の理由の来歴を知り，その選択がもたらす影響を理解すること，さらには解決策を創造することが重要である[11]。合意形成は多数決などの合理的なアプローチでは限界があるとされ[12]，実際のトラブルを解決するには感性的なコミュニケーションが重要である。合意形成に関する研究分野ではフィールドワークによる事例収集も数多く行われてきた。すなわち，観察フェーズとしての事例は蓄積されてきた。しかし，観察した事例を工学的なアプローチで定量的に扱い特徴を解明し，より良い支援手法やシステムの実装に役立てようとする研究はなされてこなかった。一方，合意形成に関する工学的なアプローチと言えば階層分析法（AHP）[13]のように，合意形成を合理的なプロセスであると捉えた研究が多く，感性的な側面を取り扱ってはこなかった。筆者らは合意形成のコミュニケーションを感性価値創造の一例であると考え，「グループの旅行先を決定する」「一緒に住む部屋のインテリアを考える」「町内のゴミ置き場の設置場所を決定する」といったさまざまなテーマについて，価値創造を伴う合意形成の事例を観察してきた[9][10]。

12.3.2　計測フェーズ

　観察で事例を収集した後は，「うまくいく合意形成にはどのような特徴があるのか」を明らかにする必要がある。合意形成を対象とした場合，官能評価のように計測評価手法が確立されているわけではない。そのため，どのような情

報に着目していくのか，計測対象データや計測方法自体を提案しながら研究を進める必要がある．筆者らは特徴抽出のため，発言を文単位で分類し，合意形成プロセスの可視化を行っている．分類すべき項目は対象例題ごとに異なるが，たとえばインテリアに関する合意形成の場合には，①コンセプト，②色，③大きさ，④形・デザイン，⑤機能性，⑥素材・イメージ，⑦バランス，⑧数量・配置，⑨その他に分類した（表12.1）．発言に頻出する項目は注目されていることを表している．

この合意形成プロセスを分類された項目ごとに図示すると図12.3のようになり，プロセスの進展に伴って注目される項目が変化すること，コンセプトレベルの発言が出た後でその変化が起こりやすいことが確認できた．筆者らはさ

表12.1　発言分類の例（インテリアコーディネートの場合）

コンセプト	アイテム・環境を選ぶ際に考慮されたコンセプト
色	アイテム・環境の色に関する発言
大きさ	アイテム・環境の大きさに関する発言
形・デザイン	アイテム・環境の形・デザインに関する発言
機能性	アイテム・環境の機能性（収納できる，移動できるなど）に関する発言
素材・イメージ	アイテム・環境の素材・イメージ（柔らかそう，安っぽいなど）に関する発言
バランス	他のアイテム・環境とのバランスを考慮した発言
数量・配置	アイテムの数量・配置に関する発言
その他	その他（掃除がしやすいなど）の発言

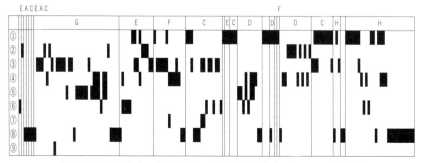

図12.3　注目観点ごとの分類による合意形成プロセスの可視化例

らに，選択肢を決定する上で重要視された観点を列挙して，どの観点が価値観に強く関連し，選択結果に影響を与えたのか因果関係を調べた。

12.3.3　モデリングフェーズ

　筆者らは計測フェーズでの分析を通して，多数決とは異なる感性的な合意形成事例の特徴を工学的な手法で明らかにすることができた。そこで，価値観が顕在化する前後のプロセスの構造を示すため，ベイジアンネットワークを用いて合意形成プロセスのモデル化を行った。ベイジアンネットワークは確率変数，確率変数間の条件付き依存関係，条件付き確率の3つによって定義されるネットワーク状の確率モデルである[14]。ベイジアンネットワークは因果的な構造をネットワークとして表し，その上で確率推論を行うことで不確実な事象の起こりやすさやその可能性を予測する。計測フェーズでの分析を通して得られた価値観，観点，選択肢の間の因果関係から構築したベイジアンネットワークモデル（図12.4）を用いて感度分析を行った結果，価値観の顕在化前後の参加者の意識の変化をモデル構造の違いとして示すことができた[9][10]。モデリ

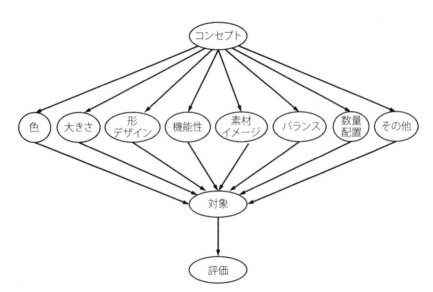

図12.4　ベイジアンネットワークによるモデリングの例

ングのフェーズでは，計測フェーズを通して得られた因果関係などの特徴を構造化して把握することができる．

12.3.4 実装フェーズ

最後の実装フェーズでは，構築モデルに従って価値観の顕在化が促されると考えられるツールやシステムを作成したり，支援手法や実践方法を提案していく．合意形成に関する一連の研究で筆者らは，アイデア創発・共有のためのツールを開発したり，ファシリテータやコーチといった工夫による提案も行ってきた（[15][16] など）．実装フェーズで提案したツールや手法に想定した効果が得られているかは，次のスパイラルの観察計測フェーズによって明らかになる．一つの実装で理想の合意形成が実現されるわけではなく，感性価値創造プロセスのサイクルを回すことによって，その効果を検討しながら改良を繰り返して，スパイラル状に感性価値創造を達成できると考えられる．

工学の世界はシーズ指向に陥りがちであり，「まずツールやシステムを作成してから評価する」という発想が根強い．真に人々が求めている感性価値に近づくためには，観察，計測，モデリングのプロセスを経て得た知見に基づいて「感性価値を高められると想定されるもの」を実装するべきであると考える．ここでは合意形成の研究例を紹介したが，筆者らは情報推薦や意思決定支援などについても，感性価値創造プロセスモデルのスパイラルに従って研究を推進しており，機会があれば紹介したい．

12.4 プロセスモデルの観点から見た感性商品開発

感性価値創造プロセスモデルは感性価値創造を促すスパイラルであると同時に，従来は工学的に扱うことが難しかった感性的なものごとを工学的に扱えるようにするための枠組みでもある．感性的な商品の商品開発では図 12.2 のプロセスモデルの 4 つのフェーズのうち（1）観察と（4）実装が重視される．モデルの左半分（曖昧模糊とした人々の感性の世界）だけで成立しているような世界である．ここでは感性商品開発の一例として高級ファッションブランドでのオートクチュール設計・製造プロセスについて説明する．

オートクチュールの設計・製造を行うメゾンには，デザイン（デザイン画の作成）を担当するスタジオ部門と，パターンメーキング（型紙の作成）と製造を担当するアトリエ部門とがある[17]。スタジオ部門にはクチュリエ役のデザイナーとアシスタントデザイナーがいる。クチュリエが自らのコンセプトに基づき大半のデザイン画を描く。すべてを一人で描くのは難しいため，アシスタントデザイナーもデザイン画を描き，クチュリエが気に入ったものは採用してもらえる。アシスタントデザイナーは，どういうアイデアを出してどのように描けば気に入られるか（採用されるか）を熟知している。アシスタントデザイナーにはデザイン能力だけでなく，クチュリエの価値観を正しく理解してその価値観に合致したデザイン画を描くことが求められる。ただし，長期間勤続するとアイデアが枯渇するため，アシスタントデザイナーの平均勤続年数は2〜3年程度であるという。ファッションショーのオートクチュールデザインの場合，クチュリエは最終的に60〜70のデザイン画を選択し，ショー全体のコンセプトを考える。そして，作成したデザイン画をアトリエ部門に渡す。

　アトリエ部門はスタジオ部門から受け取ったデザイン画に基づいてパターンメーキングと製造を担当する。アトリエ部門はチーフ，パタンナー，縫製員など，10〜20名のスタッフから成る。デザイナーが描くデザイン画は設計書の役割を果たし，アトリエ部門ではそれを布製品に仕上げていく。一見ウォーターフォール型のように見えるが，デザイン画は設計の最終段階を意味しない。デザイン画には，どんな布を使うか，正確なシルエットや縫い方などの詳細な情報までは記されていない。アトリエ部門ではデザイン画をよく読んで，「このクチュリエの感性からいうとこうだ」といった解釈をしながら，デザイン画に描かれたシルエットを生地によってつくり出していく。デザイン画がアトリエ部門にわたった段階で情報の媒体が紙から生地に変わるところに，服飾造形特有の問題がある[17]。紙のデザイン画にはそもそも曖昧さがあり，詳細情報が不足しているが，紙上のデザイン画を生地で実現するには，何らかの解釈が付加される必要があり，いかに適切な解釈を行えるか否かでアトリエ側の力量が問われる。メゾンの顔はスタジオ部門のクチュリエであるが，アトリエの力量によってメゾンの評価が大きく左右される。アトリエは単に製造工程を担当するのではなく，デザイン画の解釈が最重要といっても過言ではない。アトリエではデザイン画をよく読んで，デザイナーの価値観，そのシーズンのコ

ンセプトに最も合致するシルエットを実現するには，どのような形，裁断，縫い方にすればよいか，生地や付属品はどれにすればよいかを決めていく。解釈から製造のプロセスでは，アトリエ部門からクチュリエに「イメージにぴったりの生地があるのですが，この生地を使うとドレープの形が違ってきます」といった提案をすることによって，クチュリエが「じゃあ，その生地を使って，デザインはこう変更しよう」と指示し，仕様が変更されることもある。むしろ，デザイナー側は生地や裁断，縫製などに関する知識が豊富でなく，アトリエ側での後工程を直接コントロールできないため，スタジオはアトリエが実現できる範囲内でデザインせざるをえないという制約を受けているとも言える。一見，前工程と後工程を分業しているように見えるスタジオとアトリエであるが，曖昧なデザイン画を介してコミュニケーションを行いながら，より魅力的な商品を仕上げていく。

　工学的なモノづくりの世界では従来，曖昧さはリスクの発生源であると見なされ，いかに曖昧さをなくしていくかが重要課題とされてきた。一方，オートクチュールの設計・製造プロセスでは，デザイン画が不完全で曖昧さを含んでいることが必ずしもリスクとは考えられておらず，むしろ創造的なモノづくりを育む土台として積極的に活かされている。もちろん曖昧さが常に価値創造につながるとは限らず，その成否はあくまでアトリエ側が適切に解釈して適切な案を出せるか否かにかかっている。成功者のプロセスだけ真似ても上手くいくとは限らない。ファッション商品開発プロセスの多くは科学的に説明することは難しく，属人性の高い作業であると言える。企業内あるいは業界全体の価値創造効率を考えれば，感性的な価値創造のプロセスを科学的に説明できることが必要であり，ファッション商品開発を対象とした（2）計測や（3）モデリングについての研究がより多く望まれる。ファッション商品を対象とした（2）の感性計測に関する研究の蓄積はすでにあり，計測自体は可能になりつつある。しかし従来の研究の多くでは「製品評価のための計測」であって，必ずしも製品開発に結びつけられてこなかった。また（3）モデリングは未開拓の部分が大きく，今後の研究課題である。（1）〜（4）のスパイラルに沿ってファッション商品開発を推進すれば，より効果的な感性価値創造が実現できるのではないかと考える。

12.5　まとめ

　本稿では，知識社会と知識創造に関する理論的枠組みとのアナロジーから筆者らが提案した感性価値創造プロセスモデルについて紹介した．このモデルに従って感性的なものごとを観察して工学的に計測，モデリングし，よりよい実装へとつなげることができると考えられる．筆者らはこのプロセスモデルに従って研究を推進しており，本稿では一例として合意形成に関する研究事例を紹介した．感性価値創造プロセスのサイクルに従うことにより，従来は捉えることの難しかった感性的な事象を工学的に取り扱えるようになり，より良い製品やサービスの実現に寄与しやすくなると期待される．

　そして本稿では提案モデルの枠組みでファッション商品開発について考えた．ファッション商品開発は典型的な感性価値創造の例題と言えるが，感性価値創造プロセスと照合して考えた場合には未だ（1）観察と（4）実装の比重が大きく，今後（2）計測や（3）モデリングの研究を蓄積し，知見を活かしていくことが必要なのではないだろうか．価値創造プロセスの4つのフェーズを一人でやるというのではなく，それぞれの専門家が学際的に集う場（感性工学会もその一つである）で議論し，知見の共有や協業につなげていければよいと考える．

参考文献

[1] Drucker, P.F. : Post-Capitalist Society, HarperBusiness（1993）
[2] 大澤幸生：「知識マネジメント」，オーム社（2003）
[3] Nonaka, I. and Takeuchi, H. : The Knowledge Creating Company, Oxford University Press（1995）
[4] 篠原昭，清水義雄，坂本博：「感性工学への招待　感性から暮らしを考える」，森北出版（1996）
[5] 梅室博行：「アフェクティブ・クオリティ　感情経験を提供する商品・サービス」，日本規格協会（2009）
[6] 経済産業省：「感性価値創造イニシアティブ ―第四の価値軸の提案　感性☆21報告書」，経済産業省（2007）
[7] 庄司裕子：" 感性価値創造プロセスの理論と実践 ―人々の感性を観察して工学的に扱うための方法論" 経営システム，Vol.27, No.2（2019）
[8] 小坂祐司：「価値創造の思考法」，東洋経済新聞社（2012）
[9] 浜田百合，庄司裕子：" 合意形成プロセスの成功パターンの特徴分析に関する研究"，日本感性工学会論文誌，Vol.16, No.1, pp.43-50（2017）

[10] 浜田百合, 丸山達也, 庄司裕子:"価値創造コミュニケーションプロセスの分析とモデル化:インテリアコーディネートにおける共同作業プロセスを例に", 日本感性工学会論文誌, Vol.17, No.1, pp.53-62（2018）
[11] 桑子敏雄:"コミュニケーションにおける合意形成と感性", 電子情報通信学会誌, Vol.92, No.11, pp.967-969（2009）
[12] 藤井聡:"合意形成問題に関する一考察 ―フレーミング効果と社会的最適化の限界―", オペレーションズ・リサーチ, Vol.48, No.11, pp.3-8（2003）
[13] Saaty, T.L. : The Analytic Hierarchy Process, McGraw-Hill（1981）
[14] 本村陽一, 岩崎弘利:「ベイジアンネットワーク技術 ユーザ・顧客のモデル化と不確実性推論」, 東京電機大学出版局（2006）
[15] 小宮香織, 関口佳恵, 庄司裕子, 加藤俊一:"共創型共同作業のための合意形成支援システム:MochiFlash", 日本感性工学会研究論文集, Vol.7, No.4, pp.675-684（2008）
[16] 関口佳恵, 浜田百合, 庄司裕子:"プロジェクトマネジメントにおける感性コミュニケーションの推進手法", 日本感性工学会論文誌, Vol.10, No.2, pp.81-87（2011）
[17] 大谷毅・他, ミラノのクチュールメゾンの設計過程と後工程の関係について:プレタポルテの製造工程が製品設計に及ぼす影響, 服飾文化共同研究最終報告 2010, pp.124-135（2011）

【編者】
長沢伸也
1980年早稲田大学大学院理工学研究科修了。立命館大学教授等を経て2003年より早稲田大学ビジネススクール（現，大学院経営管理研究科）教授。工学博士。仏ESSECビジネススクール，パリ政治学院各客員教授等を歴任。2005〜07年日本感性工学会副会長，1999〜2008年および16年より同感性商品研究部会長。商品開発・管理学会副会長。Luxury Research Journal 等5英文誌の編集委員・顧問。著書・訳書110冊。

【執筆者】（掲載順）
長沢伸也（早稲田大学大学院）
入澤裕介（日立システムズパワーサービス／早稲田大学WBS研究センター）
山本典弘（鈴木正次特許事務所）
押見大地（東海大学）
中越出（公益社団法人日本パッケージデザイン協会／大日本印刷株式会社）
西藤栄子（金沢工業大学感動デザイン工学研究所）
神宮英夫（金沢工業大学感動デザイン工学研究所）
熊王康宏（静岡産業大学）
木下雄一朗（山梨大学）
井関紗代（名古屋大学大学院）
北神慎司（名古屋大学大学院）
杉本香七（メントール／早稲田大学WBS研究センター）
庄司裕子（中央大学）

ISBN978-4-303-72397-2　戦略的感性商品開発の基礎

2019年8月15日　初版発行　　　　　　　　　Ⓒ S. NAGASAWA 2019

編　者　長沢伸也　　　　　　　　　　　　　　　　　　検印省略
発行者　岡田雄希
発行所　海文堂出版株式会社

本　社　東京都文京区水道2-5-4（〒112-0005）
　　　　電話 03(3815)3291（代）　FAX 03(3815)3953
　　　　http://www.kaibundo.jp/
支　社　神戸市中央区元町通3-5-10（〒650-0022）
日本書籍出版協会会員・工学書協会会員・自然科学書協会会員

PRINTED IN JAPAN　　　　　　　　印刷　東光整版印刷／製本　誠製本

JCOPY ＜(社)出版者著作権管理機構 委託出版物＞
本書の無断複写は著作権法上での例外を除き禁じられています。複写される場合は，そのつど事前に，(社)出版者著作権管理機構（電話 03-3513-6969，FAX 03-3513-6979，e-mail: info@jcopy.or.jp）の許諾を得てください。